상상 속의 소리를 현실로

사운드 디자인

KB137904

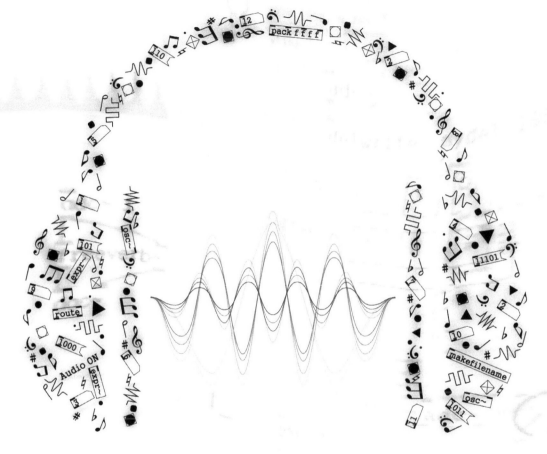

상상 속의 소리를 현실로

사 운 드 디 자 인

채진욱 저

씨아이알

머리말

2000년 9월, KURZWEIL Music Systems 연구소의 사운드 엔지니어로 일하고 있던 저에게 한 대학으로부터 강의 제안이 들어왔습니다. 비교적 젊은 나이에 대학 강단에 선다는 것은 개인적으로 영광스럽고 흥분되는 일이기도 했고 한편으로는 제가 알고 있던 지식과 경험을 정리할 수 있는 좋은 기회가 될 것이라는 생각이 들어 회사와 연구소의 허락을 받아 강의를 맡게 되었습니다. 저의 강의는 그렇게 시작되었습니다.

그리고 2015년 해외로 나갈 일이 생기면서 15년간의 학교 일을 모두 정리하게 되었죠. 모든 학교 일을 정리하고 새로운 환경에 놓이면서 대학에서의 생활은 15년간의 좋은 추억으로만 기억하리라 생각을 했는데 문득문득 '조금 더 유익한 수업을 했으면 좋았을 텐데…. 이런 이야기는 꼭 해줬어야 했는데…. 설명을 이렇게 하는 것이 더 이해하기 쉬웠을 텐데….'와 같은 많은 아쉬움이 계속 머릿속을 스쳐 지나가더군요.

그래서 강의를 하는 동안 아쉬웠던 점들을 정리하다 보니 사운드 디자인 원고를 쓰고 있는 저의 모습을 발견하게 되었습니다.
학생들이 수업을 들으면서 많이 힘들어했던 것이 한국어로 되어 있는 책이 너무 없다는 것이었으니까요.
그런데 이 한 권의 책을 통해 '사운드 디자인에 대한 모든 것을 다룰 수 있지는 않을 텐데 어떻게 하면 조금이라도 더 도움이 될 수 있을까?'라는 고민을 하다가 제가 수업시간에 자주 했던 이야기가 떠올랐습니다.

'원서를 읽는 것이 어려운 이유는 영어 때문이 아니라 용어 때문이다.'

그렇습니다. 대부분의 원서 교재들(특히 기술 서적의 경우)이 어렵게 느껴지는 것은 영어보다는 용어 때문입니다. 용어에 대한 정확한 정의와 소리에 대한 기초적인 개념을 가지고 있으면 원서를 통해 지식을 확장해가는 것이 조금은 더 용이해집니다. 그래서 이 책에서는 용어에 대해서 최대한 다양한 표현을 하였고 영어표기를 같이 하여 사운드 디자인에서 사용되는 용어들에 대해서 자연스럽게 익숙해질 수 있도록 하였습니다.

또한 단순히 머리로만 이해하는 것이 아니라 오픈 소스 사운드 편집 소프트웨어인 Audacity와 사운드 프로그래밍 소프트웨어인 Pure Data를 이용하여 간단한 실험을 함으로써 조금 더 직관적으로 소리를 받아들일 수 있도록 하였습니다.

어쩌면 이 책이 출판되고 나서 또 다른 아쉬움이 남을지도 모르겠습니다. 하지만 글을 쓰는 내내 지난 15년간을 되돌아보며 최대한 아쉬움이 남지 않을 수 있도록 정성을 다하여 정리하였습니다.

이 책은 나의 수업을 함께해준 사랑하는 나의 학생들에게 보내는 편지이며 미래의 음악가, 사운드 엔지니어, 사운드 디자이너, 프로듀서 그리고 또 새로운 일을 개척해나갈 친구들을 향한 응원의 메시지이기도 합니다.

부디 이 책을 통하여 사운드 디자인을 공부하는 분들이 좀 더 쉽고 재미있게 소리에 접근하고 친숙해지기를 바랍니다.

채진욱

추천사

This book is an important and much welcome addition to the field of sound design. It explores the theory and methods, the principles and technology, and the art and science of sound design.

JW Chae handles the material with the knowledge and skill of an experienced sound designer, well versed in the foundations, history, tools, and practical applications of modern sonic creation.

I highly recommend!

Sound Designer, Co Founder of Synthogy

Joe Ierardi

이 책은 사운드 디자인 분야에서 매우 중요하고 환영받을 만합니다.

이 책은 이론과 방법, 원리와 기술 그리고 사운드 디자인의 예술과 과학을 탐구합니다.

JW Chae는 현대 음향 제작의 기초, 역사, 도구 및 실제 응용 분야에 정통하며 숙련된 사운드 디자이너의 지식과 기술로 각각의 주제들을 다루고 있습니다.

이 책을 적극 추천합니다.

전) KURZWEIL Music Systems Chief Sound Engineer

Synthogy 설립자, 사운드 디자이너

Joe Ierardi

I'm happy, my friend, Chae Jin-Wook published this book to learn about sound design.

It will be possible to know "recording", "analog synthesis", "digital synthesis", "sound analysis", "effects", etc… It's very important to get these fundamental knowledges to develop your technique for the sound design.

KORG, Sound Designer

Taiki Imaizumi

나의 친구, 채진욱 씨가 사운드 디자인에 대해서 배울 수 있는 책을 출판하게 되어 행복합니다.

이 책을 통하여 레코딩, 아날로그 신디시스, 디지털 신디시스, 사운드 분석, 음향효과 등에 대해서 배울 수 있으며 이와 같은 기본 지식은 여러분의 사운드 디자인 기술을 발전시키는 데 크게 이바지할 것입니다.

KORG 사운드 디자이너

Taiki Imaizumi

목 차

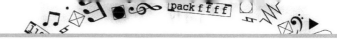

개 요

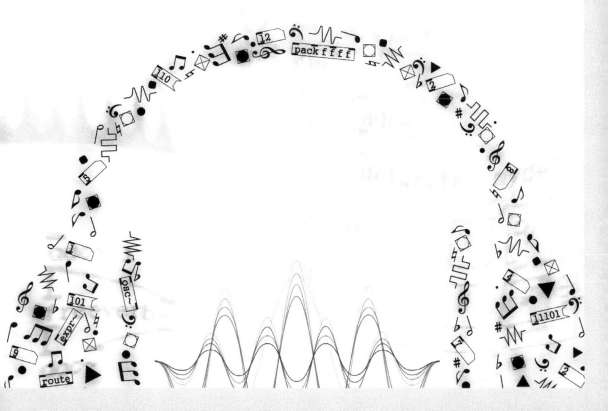

Chapter 01 개 요

이번 장에서는 사운드 디자인의 정의와 사운드 디자인에서의 구체적 작업 프로세싱 (방법론), 그리고 사운드 디자인을 공부하는 데 필요한 덕목들에 대하여 알아보도록 하겠습니다.

1.1 사운드 디자인의 정의

요즘은 주변에 디자인이라는 말이 많이 사용되고 있습니다. 그리고 그렇게 디자인을 하는 사람을 일컬어 디자이너라고 하죠. 예전과 달리 사운드 디자이너를 희망하는 젊은 친구들도 많이 만나게 됩니다.

그런데 정작 사운드 디자인이 무엇인지를 물어보면 선뜻 대답을 하지 못하는 경우가 많습니다. 처음 만나는 사람들과 제가 하는 일에 대한 이야기를 나누다 보면 사운드 디자인이 무엇인지를 물어보는 분들도 종종 계십니다. 아마 물어보지 않은 분들은 다만 저에게 관심이 없어서 물어보지 않은 것뿐이라는 생각이 들기도 합니다.

그런데 주위의 컴퓨터 그래픽 디자이너나 패션 디자이너에게 컴퓨터 그래픽 디자인이 무엇인지 패션 디자인이 무엇인지를 물어보는 경우는 거의 보지 못합니다. 어떤 그래픽을 하는지 어떤 패션 디자인을 하는지를 물어보기는 해도 말이죠.

왜일까요? 이 해답을 얻기 위해 우리는 사운드 디자인을 정의하기에 앞서 디자인의 정의를 먼저 살펴봐야 할 것 같습니다.

디자인 – 주어진 목적을 조형적으로 실체화하는 것

백과사전에서는 디자인에 대해 이와 같이 정의하고 있습니다. 디자인의 정의에는 조형적, 다시 말해서 이미 시각적인 의미를 담고 있습니다. 그래서 컴퓨터 그래픽 디자인이라고 하면 컴퓨터로 그래픽 작업을 해서 생각하고 구상한 일을 실체화하는 것을 쉽게 알아챌 수 있고, 패션 디자인이라고 하면 패션에 대하여 주어진 목적에 따라 구체적으로 실체화하는 일임을 직관적으로 느낄 수 있는 것입니다.

그런데 사운드라는 것은 형체를 가지고 있지 않고 다분히 추상적인 형태를 가지고 있다 보니 주변에서 사운드 디자인이라는 말이 많이 들리더라도 여전히 사운드 디자인은 직관적으로 와닿지 않았던 것이죠.

그럼 사운드 디자인의 정의는 어떻게 될까요?

사운드 디자인 – 필요와 목적에 맞게 소리를 설계하고 형상화하는 일

필요와 목적이 다양한 만큼 사운드 디자인의 범위도 굉장히 다양하다고 할 수 있습니다. 그럼 필요와 목적에 따른 사운드 디자인의 적용 예를 몇 가지 살펴보도록 하겠습니다.

• 게임 사운드 디자인 – 게임에 들어가는 사운드를 디자인
• 영화 사운드 디자인 – 영화에 들어가는 사운드를 디자인
• 전자악기 사운드 디자인 – 전자악기에 들어가는 각종 사운드 셋을 디자인
• 제품 사운드 디자인 – 일상적 제품에서 만들어지는 사운드를 디자인

각종 제품의 케이스를 열 때 나는 사운드를 디자인하는 것을 비롯하여 요즘과 같이 디지털화된 제품의 경우는 다양한 상황에 따른 이벤트 사운드를 만들어야 하므로 그 적용범위가 더욱 넓어졌다고 할 수 있습니다.

• 자동차 사운드 디자인 – 자동차에서 발생하는 각종 사운드를 디자인하는 일로 크게 보았을 때, 제품 사운드 디자인에 속한다고 볼 수 있으나 그 규모가 워낙 크고 전기

차의 영향으로 사운드 디자인의 역할이 커지면서 제품 사운드 디자인과 분리하여 설명하는 추세
• 환경 사운드 디자인 - 우리가 살아가는 생활환경 가운데 필요하거나 또는 생활환경을 윤택하게 할 목적으로 사운드를 디자인

이 외에도 사운드 디자인은 우리 주변 곳곳에서 사용되고 있습니다.

1.2 사운드 디자인의 방법론(프로세싱)

사운드 디자인의 정의에 따라 필요와 목적이 정해졌다면 소리를 설계하고 형상화하는 일이 남았는데요. 어떤 과정을 통하여 소리를 설계하고 형상화할 수 있을까요?

우리는 이 책 전반을 통하여 소리를 설계하고 형상화하는 일에 대하여 다루게 될 것인데요. 이제부터 이야기할 것은 이른바 '사운드 디자인의 방법론'이라고 하는 것으로 소리를 설계하고 형상화하는 데 큰 방향을 제시하게 될 것입니다.

사운드 디자인에서 소리를 설계하고 형상화하는 데 있어 가장 중심이 되는 방법론은 다음과 같이 정리할 수 있습니다.

'어떤 소리의, 어떤 요소를, 어떻게 제어할 것인가?'

그럼 각 부분에 대해서 간략하게 설명을 하도록 하겠습니다.

:: 어떤 소리의

이것은 소리의 재료와 관련된 이야기입니다. 소리의 재료는 크게 실제 존재하는 소리(Real Sound)와 인위적으로 만들어진 소리(Imaginary Sound)로 구분되며 인위적으로 만들어진 소리는 주기적 파형(보통 Generated wave라고 부릅니다.)과 노이즈(Noise)로 다시 나눌 수 있습니다.
그림으로 정리하면 다음과 같습니다.

그림 1 소리의 재료 분류

현실에 자연적으로 존재하는 소리는 마이크를 이용하여 직접 녹음을 해서 얻을 수 있습니다. 인위적으로 만들어진 소리인 주기적인 파형이나 노이즈는 일반적으로 계산에 의해서 만들어지게 됩니다.

PART 1에서는 이와 같은 소리의 재료들을 어떻게 만들어내고 편집할 것인지에 대하여 다루게 됩니다.

:: 어떤 요소를

이것은 소리를 이루는 구성 요소로써 다음과 같은 3요소로 나누어집니다.

소리의 3요소

• 음량– 소리의 크고 작음을 나타냅니다.
• 음정– 소리의 높고 낮음을 나타냅니다.
• 음색– 소리의 밝고 어두움을 나타냅니다.

소리의 3요소에 대해서는 PART 2에서 다루게 됩니다.

사운드 디자인에서는 이와 같은 소리의 3요소를 변화시켜 우리가 원하는 소리를 만들어내는 일을 합니다. (구체화한다는 표현을 간단하게 나타내면 원하는 소리를 만들어내는 과정이라고 할 수 있습니다.)

:: 어떻게 제어할 것인가?

이것은 소리의 제어에 대한 이야기입니다. 소리를 제어하는 방법은 다음과 같은 3가지의 방법으로 분류할 수 있습니다.

1. 물리적 제어장치에 의한 제어
2. 시간의 흐름에 따른 제어
3. 소리에 의한 소리의 제어

소리를 제어한다는 것이 정확하게 감이 안 잡힌다면 한 가지 예를 들어보겠습니다.

여러분이 음악을 듣다가 볼륨 노브(Volume Knob)를 움직인다면 볼륨이 커지거나 작아지게 될 것입니다. 이것은 바로 물리적 제어장치인 볼륨 노브(Volume Knob)를 이용하여 소리의 3요소 중 음량(소리의 크기)을 제어한 경우에 해당됩니다.

이와 같이 소리를 제어하는 다양한 방법들에 대하여 PART 3에서 다루게 될 것입니다.

1.3 사운드 디자인의 덕목

지덕체는 1900년대 교육론의 핵심 체계였는데요. 지식과 덕과 체육을 의미했다고 하죠. 이렇게 이야기하니까 무슨 동양철학이나 동양의 교육체계 같죠? 제가 이야기하고 싶은 사운드 디자인의 지덕체는 스위스의 교육학자였던 페스탈로치(Pestalozzi, 1746~1827)의 사상에 좀 더 가까운데요. 페스탈로치는 교육의 목적을 '머리(Head)와 마음(Heart)과 손(Hand)'의 조화로운 발달에 두었답니다.

소리를 다루는 일도 이 3가지 덕목이 필요하다고 보는데요.

지(Head)는 소리를 머리로 이해하는 것을 의미합니다. 감각만으로도 좋은 소리를 만드는 작업자들도 주변에서 종종 보기는 하지만 감각에 의지해서 소리를 만들기까지는 엄청나게 많은 시행착오를 거쳐야 하고 그런 과정을 거쳐서 좋은 소리가 만들어졌을 때 그것을 정리하는 것이 쉽지 않습니다. 그런데 소리에 대한 정확한 지식체계를 갖추게 되면 시행착오를 줄일 수 있고 그 과정과 결과를 여러 사람과 공유하기가 수월해지죠.

덕(Heart)은 소리에 담긴 의미를 느끼고 찾아내는 능력을 의미합니다. 사운드 디자인의 정의에서 말하는 '필요와 목적'에 따라 소리를 만드는 작업은 소리에 의미를 부여하는 것입니다. 이것은 어쩌면 사운드 디자이너의 소리에 대한 철학에 대한 이야기일 수도 있습니다. 철학의 속성이 그러하듯 이 덕목은 사운드 디자이너에게 평생의 숙제인 것 같습니다.

체(Hand)는 소리를 감각적으로 처리하는 능력을 의미합니다. 청각 트레이닝(Ear Training)이 잘 되어 있다면 작업의 시간을 상당히 아낄 수 있지요. 만약 이 덕목을 노동이라는 관점에서 바라본다면 시간과 공을 들인 사운드는 좋은 결과를 내준다는 의미이기도 합니다.

우리는 이 책을 통해서 지식(Head)을 중심으로 소리에 대한 이야기를 하게 될 거고
요. 중간중간 여러분에게 주어지는 과제를 통하여 여러분들에게 소리에 대한 고민
(덕, Heart)을 하고 그 고민을 구체적으로 풀어가는 과정을 통하여 감각적 트레이닝
(체, Hand)을 하게 될 것입니다.

쉬어가는 페이지 1. Audacity의 소개 및 설치 방법

PART 1과 PART 2에서는 Audacity라는 소프트웨어를 이용해서 다양한 실험과 실습을 하게 될 것입니다. 사운드 디자인을 할 때는 굉장히 다양한 소프트웨어와 도구들이 사용됩니다. 그중에서 Audacity는 무료로 사용할 수 있으면서도 굉장히 기본에 충실한 소프트웨어입니다.

따라서 이 책을 통하여 Audacity라고 하는 하나의 소프트웨어를 사운드 디자이너로서 익혀가는 과정을 공부한다면 사운드 디자인을 하기 위한 여타의 소프트웨어 역시 이와 같은 과정을 통하여 쉽고 빠르게 배우고 익혀갈 수 있을 것입니다.

되도록이면 Audacity를 통하여 하나하나의 과정을 따라 하며 사운드 디자인의 기술들을 익혀가길 권하지만 만약 다른 소프트웨어를 사용하고자 하는 독자가 있다면 주어진 다양한 실험과 과제들을 여러분이 사용하는 소프트웨어를 이용하여 구현해보는 것도 사운드 디자인 소프트웨어를 익히는 좋은 방법이 될 것입니다.

:: Audacity의 소개

Audacity는 GNU GPL에 근거한 오픈소스 소프트웨어입니다. 따라서 별도의 요금 지불 없이 무료로 사용할 수 있으며 지금 이 시간에도 많은 개발자에 의하여 발전, 개선되고 있습니다.

무료 소프트웨어라고 하지만 사운드 디자인에서 다루는 거의 모든 기능을 갖추고 있을 뿐만 아니라 확장성도 좋아 Audacity를 이용하여 다양한 작업을 하는 작업자들도 굉장히 많이 있습니다.

:: Audacity의 설치

Audacity의 설치를 위하여 http://audacityteam.org을 방문하면 첫 페이지에 여러분이 사용하고 있는 OS에 맞는 Audacity를 다운받을 수 있는 화면을 보게 될 것입니다.

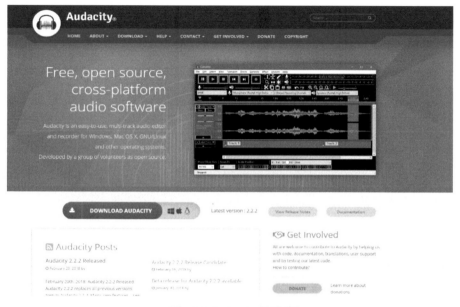

그림 R1-1 Audacity 홈페이지

여기서 바로 'Download Audacity'를 클릭하여 Audacity의 설치 파일을 다운로드
하거나 또는 Download 탭을 선택한 후, 원하는 OS에 해당하는 Audacity를 다운로
드하시면 됩니다.

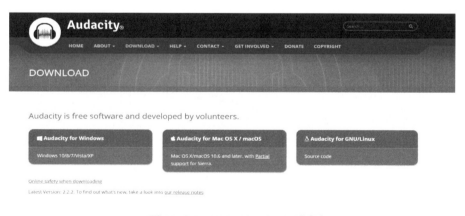

그림 R1-2 Audacity Download 페이지

이제 다운로드받은 설치 파일을 실행하고 안내에 따라서 설치하시면 됩니다. 대부분 'OK'나 '확인'을 클릭하시면 다음 스텝으로 넘어가고 몇 가지 간단한 과정을 거쳐서 설치를 완료하게 됩니다.

설치를 마쳤다면 Audacity를 실행해보겠습니다.

잠깐 동안 Audacity 로고가 보이고 다음과 같은 화면이 나타나게 됩니다.

그림 R1-3 Audacity 처음 실행 화면

Audacity를 실행하면 위와 같이 어떻게 Audacity에 대한 정보를 얻을 수 있는지에 대한 안내창이 뜨는데요. 다음부터 이 창을 보고 싶지 않다면 '시작 시 다시 표시하지 않음'을 체크하고 '확인'을 클릭하면 다음에 실행할 때는 이와 같은 창이 안 뜨고 바로 실행이 됩니다.
만약 Audacity를 실행할 때마다 저 메시지를 보고 싶다면 그냥 '확인'을 클릭하면 됩니다.

:: Audacity의 언어 설정 변경

이렇게 해서 Audacity의 설치와 실행까지 해보았습니다.

사용방법에 대해서는 앞으로 차근차근 알아갈 것이고요. 지금은 Audacity의 언어 설정을 '영어'로 바꾸는 방법에 대하여 알아보도록 하겠습니다. Audacity는 친절하게도 거의 모든 메뉴가 한글화되어 있습니다. 따라서 여러분이 사용하고 있는 컴퓨터의 언어 설정이 '한글'로 되어 있다면 한글로 된 메뉴를 보게 될 것입니다.

한글 메뉴는 일반적으로 생각하기에 굉장히 편한 것처럼 느껴질 수 있지만 전문용어들을 한글화하다 보니 때로는 도저히 상상할 수 없는 이름의 메뉴를 보게 되는 경우가 있습니다. 그리고 앞서 언급한 것과 같이 향후 다른 소프트웨어를 사용한다고 했을 때 일반적으로 통용되는 전문용어들을 익혀 놓으면 굉장히 빠르게 새로운 소프트웨어를 습득해나갈 수 있습니다.

그래서 우리는 언어 설정을 '영어'로 바꾼 후 사용하도록 할 것입니다.

언어 설정을 바꾸는 방법은 다음과 같습니다.

윈도우의 경우는 편집→ 환경설정, Mac OS의 경우는 Audacity → Preference 메뉴를 선택합니다.

그림 R1-4 Preference 메뉴의 선택

메뉴를 선택하면 다음 그림과 같은 메뉴창이 나오게 됩니다.

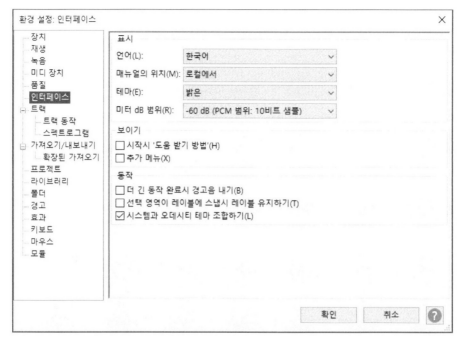

그림 R1-5 Preference 메뉴창

위와 같은 그림에서 '인터페이스' 탭을 선택한 후, '언어'를 English로 선택한 후 '확
인'을 클릭하면 언어 설정이 바뀌게 됩니다. 이 이후부터는 Audacity는 영어로 된
메뉴를 보여주게 됩니다.

PART 01
소리의 재료 : 어떤 소리의

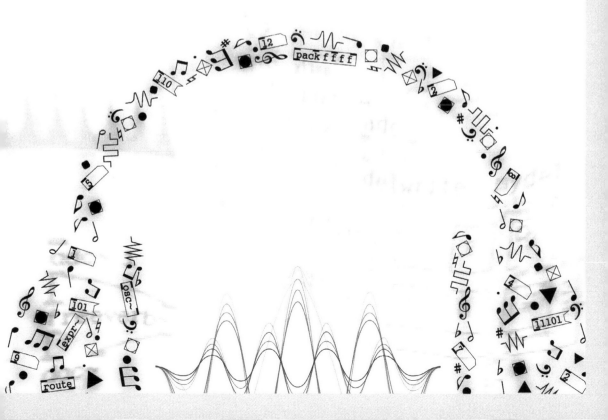

이번 PART에서는 소리의 재료에 대하여 알아보고 각 소리 재료들의 특징과 다양한 만드는 방법에 대하여 알아보도록 하겠습니다.

앞서 1장에서 언급한 것과 같이 소리의 재료는 크게 자연적으로 존재하는 소리와 인위적인 소리로 나눌 수 있으며 인위적인 소리는 다시 주기적인 파형과 노이즈로 구분할 수 있습니다.

그럼 이제부터 3가지의 소리 재료(자연적으로 존재하는 소리, 주기적인 파형, 노이즈)에 대하여 구체적으로 살펴보겠습니다.

Chapter 02
소리의 재료 1 – 실제 존재하는 소리

잠시 눈을 감고 지금 여러분의 귀에 어떤 소리가 들리는지 집중해보도록 하겠습니다. 지금 제 귀에는 물을 끓이는 소리와 아내가 책을 읽으며 책장을 넘기는 소리, 그리고 제가 노트북의 자판을 두드리는 소리 등 다양한 소리가 들리고 있습니다.

이와 같은 소리들은 우리 주변에 실제로 존재하는 소리들로써 그 소리들을 재료로 사용하기에 가장 좋은 방법은 마이크를 이용하여 녹음을 하는 일입니다. 또는 이미 녹음되어 있는 파일이 있다면 파일로부터 사운드 디자인의 재료로 선택할 수도 있습니다.

이번 장에서는 이렇게 자연적으로 존재하는 소리에 대해서 이야기를 해보겠습니다. 이와 같은 소리들을 실제로 우리가 듣는 소리와 똑같이 녹음하기 위해서는 좋은 마이크와 녹음 장비를 갖추고 마이크를 어떤 식으로 설치 하느냐와 녹음 환경을 어떻게 구축할 것인지에 대한 고민을 하고 경험을 축적해야만 할 것입니다. 하지만 소리를 녹음하는 방법에 대한 것만도 이미 책 한 권 분량을 족히 넘어갈 만큼 방대한 내용이기에 이 책에서는 마이크의 원리, 종류 정도만 간단하게 다루게 될 것입니다.

만약 마이크와 녹음(특히 음악적인 의미를 지닌)에 대하여 더 자세한 공부를 원한다면 SRMUSIC에서 출간된 『레코딩 교과서-레코딩 입문자를 위한 모든 것』(쿠즈마키 요시로 지음)을 추천해드립니다.

2.1 어떻게 실제 존재하는 소리를 얻을 것인가?

실제로 존재하는 소리를 얻을 수 있는 가장 좋은 방법은 마이크를 사용하여 녹음을 하는 방법입니다. 또는 누군가 이미 녹음해놓은 사운드 파일을 이용할 수도 있을 것입니다.

여기서는 마이크를 이용하여 실제 소리를 녹음하고 녹음된 파일을 가공하는 방법에 대해서 다루도록 하겠습니다.

2.1.1. 마이크로폰(Microphone)

마이크로폰(Microphone)은 대개 줄여서 마이크(Mic, Mike)라고 부르며 기본적으로 진동에너지를 전기에너지로 바꿔주는 역할을 하는 기기입니다.

진동에너지를 전기에너지로 바꾸는 방식에 따라서 마이크의 종류를 나눌 수 있는데요. 여기서는 대표적으로 많이 사용되는 다이나믹 마이크와 컨덴서 마이크에 대해서 알아보도록 하겠습니다.

:: 마이크의 종류

① 다이나믹 마이크(Dynamic Mic)

다이나믹 마이크는 무빙 코일 마이크(Moving Coil Mic)라고도 부릅니다. 무빙 코일, 움직이는 코일이라는 이름이 말해주듯이 그림 2-1과 같이 소리가 만들어내는 진동에 따라 다이어프레임(Diaphragm)이라고 하는 진동판이 앞뒤로 움직이고 다이어프레임과 연결되어 있는 코일이 움직이면서 그 주위를 감싸고 있는 자석의 자성 때문에 전기를 만들어내게 됩니다. (초등학교 때 배운 전자석의 원리와 비슷하다고 보면 됩니다.)

참고로 스피커도 이와 같은 원리를 사용하고 있습니다. 다만 전기에너지를 진동에너지로 바꾸어주는 역할을 하며 코일의 양 끝단에 전기를 흘리면 진동판이 진동하게 됩니다.

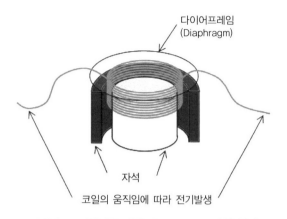

그림 2-1 다이나믹 마이크(Dynamic Mic)의 원리

② 컨덴서 마이크(Condenser Mic)

컨덴서 마이크는 그림 2-2와 같이 고정된 전극판과 소리에 따라 진동하는 진동판으로 구성됩니다. 진동판이 진동하면 고정 전극판과 진동판 사이의 간격이 변화하고 그 안의 전하량도 함께 변화합니다. 전하량이 변화하면 흐르는 전류와 전압도 변화하고 이러한 전압의 변화를 이용하는 것이 컨덴서 마이크입니다.

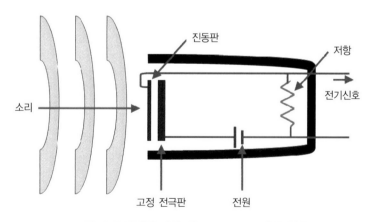

그림 2-2 컨덴서 마이크(Condenser Mic)의 원리

컨덴서 마이크의 경우 흐르는 전류와 전압의 변화를 이용하기 때문에 그림 2-2와 같이 전원이 필요합니다.

:: 마이크의 지향성

마이크의 특성 중 가장 중요한 요소는 마이크의 지향성입니다. 마이크가 어느 위치의 소리를 잘 흡음하는가를 나타내는 특성인데요. 대표적으로 다음과 같이 단일 지향성, 양지향성, 무지향성으로 구분을 합니다.

① 단일 지향성(Cardioid)
단일 지향성은 한쪽 방향의 소리만을 잘 흡음하는 특성을 갖습니다. 그렇다고 해서 완전히 한쪽 방향만 흡음하는 것은 아니고 그림 2-3과 같이 마이크 뒷 방향의 소리도 일부 흡음이 되는데 그 모양이 심장 모양과 닮았다고 해서 카디오이드(Cardioid)라고 도 이야기합니다.

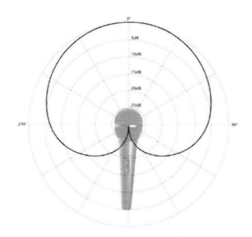

그림 2-3 단일 지향성(Cardioid) 마이크의 흡음 패턴

② 양지향성(Bi-Directional, 8Figure)

양지향성은 쌍지향성 혹은 전후 지향성이라고도 부릅니다. 그림 2-4와 같이 진동판의 전후의 소리를 모두 흡음하는 특성을 가지며 흡음하는 패턴이 8자 모양이라고 해서 8-Figure라고도 부릅니다.

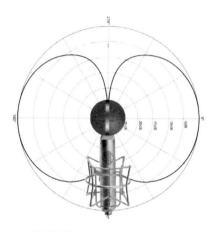

그림 2-4 양지향성(Bi-Directional) 마이크의 흡음 패턴

③ 무지향성(Non-Directional, Omni-Directional)

지향성이 없다는 의미로 무지향성(Non-Directional)이라고 부르기도 하고 모든 방향에 대한 지향성이 있다는 의미로 전지향성(Omni-Directional)이라고 부르기도 합니다. 모든 방향의 소리를 동일한 감도로 흡음하는 특징을 갖습니다.

그림 2-5 무지향성(Omni-Directional) 마이크의 흡음 패턴

2.1.2 녹음과 파일

그럼 이제 컴퓨터에 연결되어 있는 마이크를 이용하여 Audacity에서 간단하게 녹음을 해보도록 하겠습니다.

(주변에 특별히 원하는 소리가 없다면 인터넷을 통하여 다른 사람들이 녹음해놓은 웨이브 파일을 다운받아 사용하셔도 좋습니다.)

Step 1. Audacity를 실행시킵니다.

Step 2. 장치 설정을 하기 위해 Edit → Preferences(맥에서는 Audacity → Preferences)를 선택합니다.

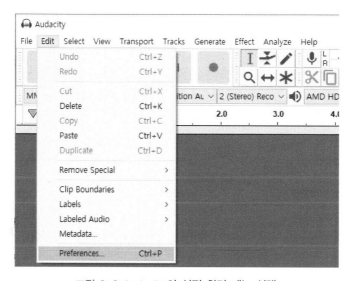

그림 2-6 Audacity의 설정 화면 메뉴 선택

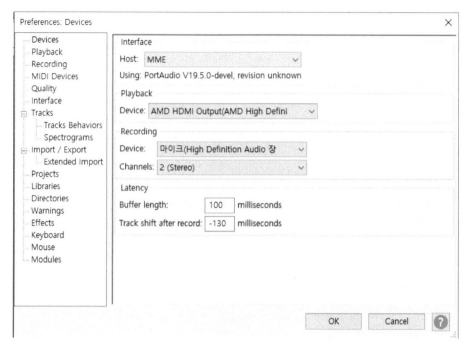

그림 2-7 Audacity의 설정 화면

Step 3. Devices 탭에서 소리의 녹음과 재생에 사용될 장치들을 설정한 후 'OK'를 클릭합니다.

Step 4. 녹음과 재생에 사용할 장치 설정을 마쳤다면 아래 그림과 같이 녹음 버튼을 눌러서 녹음을 시작합니다.

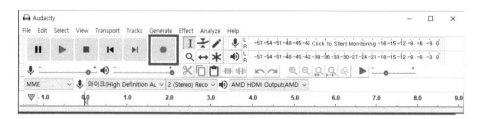

그림 2-8 녹음 버튼과 입력 채널 설정

녹음을 하기 전 녹음 채널을 스테레오(2채널)로 할지 모노(1채널)로 할지를 설정할
수도 있습니다. 노트북에 장착된 마이크는 대부분 모노 마이크이기에 스테레오로 설
정을 하고 녹음을 하더라도 똑같은 소리가 좌우 트랙에 똑같이 녹음이 되게 됩니다.
따라서 모노(1채널)로 설정을 하고 녹음을 하는 것을 권합니다만, 사운드 디자인이라
는 것이 이론뿐만이 아니라 많은 경험이 중요한 일인 만큼 두 가지의 설정을 바꿔가며
녹음을 하고 소리를 확인해보는 것도 좋을 것입니다.

Step 5. 녹음 버튼을 눌러서 녹음을 시작하고 녹음을 중지하고 싶다면 '■(Stop)' 버
튼을 눌러서 녹음을 멈춥니다.

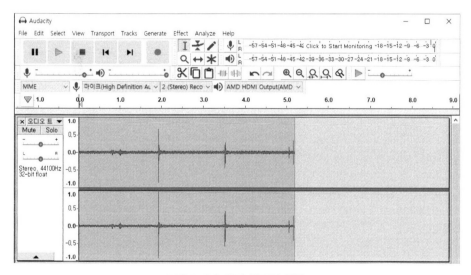

그림 2-9 녹음이 완료된 화면

녹음을 멈추면 위의 그림과 같이 마이크를 통해서 녹음된 새로운 트랙을 확인할 수
있습니다.

만약 인터넷을 통해서 다운받았거나 또는 여러분의 휴대폰에 녹음되어 있는 파일을

불러오고 싶다면 그림과 같이 'File → Import → Audio' 메뉴를 선택한 후 원하는 오디오 파일을 불러오면 됩니다.

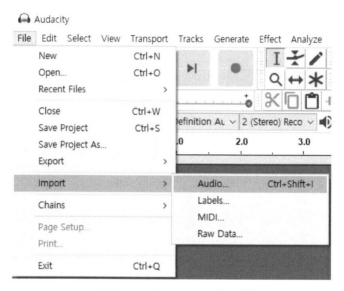

그림 2-10 파일 불러오기 메뉴 선택

그런데 방금 전 녹음을 하거나 오디오 파일을 불러와서 만들어진 트랙의 모습이 의미하는 것이 무엇일까요?

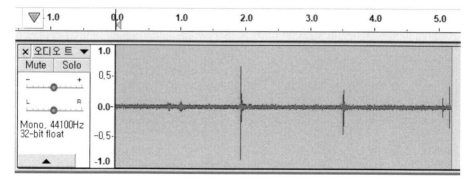

그림 2-11 트랙 화면

제일 위의 숫자는 시간(초)을 나타내고 있으며 위아래로 나타난 그래프는 그 시간에서의 음량을 나타내고 있습니다.

그런데 왜 +와 −의 기호로 표시가 되어 있는 것일까요? − 부분으로 커져도 소리는 커지는 거 같은데 말이죠.

이를 설명하기 위해서 스피커의 구조를 잠깐 살펴보도록 하겠습니다.

스피커의 구조는 간단하게 설명하면 다음 그림과 같습니다. (앞서 다이나믹 마이크에서 설명했던 구조와 같다고 봐도 무방합니다.)

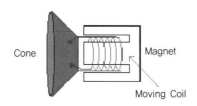

그림 2-12 스피커의 구조

원리는 우리가 초등학교 때 배우는 전자석과 같습니다. 스피커의 안쪽에 자석이 있고 전자석에 + 전기를 흘리면 밖으로 밀어내고 − 전기를 흘리면 잡아당기는 방식이죠. 그렇습니다. 트랙이라는 화면에서 보이는 +와 −는 스피커를 밀어내는 정도와 잡아당기는 정도를 보여주고 있는 것입니다. (이것을 변위라고 하는데 변위가 클수록 큰 소리를 내게 되는 것입니다.)

과제

주변의 여러 가지 소리를 녹음해봅시다

요즘은 간단하게 녹음을 할 수 있는 다양한 기기들이 있습니다. 여러분이 항상 지니고 다니는 스마트폰도 그중의 하나이고요. 주변의 다양한 소리를 다양한 방법으로 녹음하고 소리를 확인해보는 일을 해보기 바랍니다.

2.2 어떻게 소리를 다듬을 것인가?

2.2.1 불필요한 소리의 제거

녹음을 통하여 소리의 재료를 얻은 경우는 그 안에 우리가 원하는 소리도 포함되어 있지만 우리가 원하지 않는 소리도 포함이 되어 있는 경우가 대부분입니다. 따라서 녹음을 통하여 소리의 재료를 얻은 경우에는 우리가 원하는 소리를 뽑아내기 위하여 편집이라는 과정이 필요합니다.

이제부터 녹음된 소리로부터 원치 않는 소리 성분들을 제거하여 원하는 소리를 얻는 방법에 대하여 이야기하도록 하겠습니다.

:: DC 성분 제거(DC Offset 제거)

DC 성분은 우리말로는 직류 성분이라고 번역이 됩니다. 그렇다면 우선 DC 성분이 무엇인지 이해하기 위하여 초등학교 시절의 과학시간으로 되돌아가보겠습니다.

혹시 직류와 교류에 대해서 기억나시나요? 주변에서 볼 수 있는 건전지를 우리는 직류라고 배웠으며 우리가 가정에서 사용하는 전기를 교류라고 배웠습니다. 그리고 아래와 같은 그림을 함께 배웠죠.

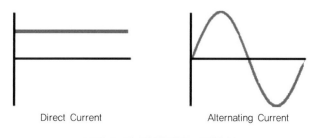

Direct Current   Alternating Current

그림 2-13 직류(DC)와 교류(AC)

어린 시절의 기억을 되짚어보면 건전지는 볼록 튀어 나온 부분이 + 전극, 살짝 들어간 부분이 - 전극이라고 배웠던 것 같습니다. 하지만 정확하게 이야기하자면 살짝 튀어 나온 부분이 + 는 맞지만 살짝 들어간 부분은 - 가 아니라 0볼트, 다시 말해서 기준점이 됩니다. 그래서 그림 2-13의 왼쪽 그림과 같이 항상 일정한 전압을 갖게 되는 것입니다.

그렇다면 스피커에 위와 같은 직류 성분을 흘린다면 어떻게 될까요? 앞서 설명했던 스피커의 구조를 떠올려봅시다.

그렇습니다. 스피커가 일정한 변위만큼 앞으로 밀려나 있는 상태가 될 것입니다. 그렇다면 그림 2-13의 오른쪽과 같은 교류가 스피커에 흐른다면? 스피커가 앞뒤로 움직이게 될 것이고 그것이 1초에 20번 이상이라면 스피커가 앞뒤로 움직이는 소리를 우리가 인식하게 될 것입니다.

이제 DC 성분이라는 것이 무엇인지 아셨죠?

녹음을 하다 보면 가끔 이 DC 성분이 함께 녹음이 되는 경우가 있는데요. 앞서 설명한 바와 같이 DC 성분이 포함되어 있으면 스피커가 0점을 중심으로 앞뒤로 움직이는 것이 아니라 일정 변위만큼 앞으로 밀린 상태(또는 뒤로 당겨진 상태)에서 소리를 내게 되기 때문에 소리의 안정성도 떨어지게 되고 만약 DC 성분이 포함된 여러 개의 음원을 더하게 되면 스피커가 앞으로 밀리는 변위가 점점 커져서 그다지 큰 소리를 내지 않았음에도 불구하고 소리가 찌그러지는 현상이 만들어질 수도 있습니다. 그래서 소리를 편집할 때 가장 먼저 해야 하는 일이 바로 DC 성분을 제거하는 것입니다.

Audacity에서는 녹음된 트랙을 선택하고 Effect → Normalize를 실행하면 다음과 같은 화면이 나타나게 됩니다. (Normalize에 대해서는 바로 다음에 설명을 할 것입니다.)

그림 2-14 Normalize 실행화면

일반적인 사운드 편집 소프트웨어의 경우는 DC 성분 제거(DC Offset Remove)와 노멀라이즈(Normalize)기능이 분리되어 있는데 Audacity의 경우는 이 두 가지의 기능이 노멀라이즈라는 메뉴에 묶여 있습니다.

사용법은 그림 2-14에서 보이는 것과 같이 'Remove DC Offset(Center on 0.0 vertically)'를 체크하고 OK를 클릭하면 DC 성분을 제거해줍니다.

:: 노이즈(Noise) 제거

노이즈를 사전에서 찾아보면 '소음, 잡음'이라고 되어 있으며 기술적으로는 '전기적, 기계적인 이유로 시스템에서 발생하는 불필요한 신호'라고 기술되어 있습니다.
그렇습니다. 앞서 우리는 녹음을 통하여 소리의 재료를 얻은 경우, 그 안에 우리가 원하지 않는 소리도 포함이 되어 있기 때문에 편집이라는 과정을 통하여 이 소리를 제거하는 과정이 필요하다고 이야기했습니다.
우리가 원하지 않는 소리, 즉 기술적으로 불필요한 신호에 해당하는 노이즈입니다.
이런 관점에서 보면 DC 성분도 노이즈일 수도 있겠네요. 이번에는 대표적인 노이즈의 종류와 그 노이즈를 제거하는 방법에 대해서 다루도록 하겠습니다.

1. 화이트 노이즈(White Noise), 험노이즈(Hum Noise) 제거

주변에서 소리를 채집하다 보면 '쉬~' 하는 사운드와 '험~' 하는 사운드들이 섞여서 녹음되는 경우를 많이 경험해보셨거나 경험하시게 될 것입니다. '쉬~' 또는 '치~' 하는 소리를 보통 화이트 노이즈(White Noise, 나중에 설명하겠지만 엄밀하게 화이트 노이즈는 아닙니다.) 그리고 저음의 '험~' 하는 소리를 험노이즈(Hum Noise)라고 부릅니다.

예전에는 이와 같은 노이즈를 제거하기 위하여 조금 복잡한 방법들을 동원하였는데 요즘은 그리 어렵지 않게 제거를 할 수 있습니다. 바로 이제부터 설명할 노이즈 리덕션(Noise Reduction)이라는 기능인데요.

기본적인 사용방법은 다음과 같습니다. 우리가 소리를 녹음하면 화이트 노이즈나 험노이즈는 기본적으로 포함되어 있는 경우가 많습니다. 예를 들어 노크 소리를 녹음한다면 노크 소리를 녹음하기 전, 그러니까 녹음 버튼을 누르고 노크를 하기 전까지의 시간에 이미 일정 부분의 화이트 노이즈나 험노이즈가 포함이 되게 될 것입니다. 바로 이 구간을 선택하여 Audacity로 하여금 내가 제거하고자 하는 노이즈의 성분을 알려줍니다. 그리고 녹음된 전체를 선택하여 노이즈 리덕션을 실행하면 됩니다.

그럼 노이즈를 제거하는 실습을 해보도록 하겠습니다.

Step 1. 노이즈 리덕션을 수행하고자 하는 파일을 준비합니다.

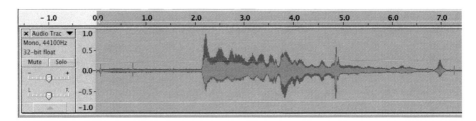

그림 2-15 노이즈가 포함되어 있는 파일

그림 2-15를 보면 앞부분에 상당히 큰 잡음이 포함되어 있는 것을 확인할 수 있습니다. 저 부분에는 앞서 이야기했던 화이트 노이즈 성분과 험노이즈 성분이 포함되어 있습니다.

Step 2. Audacity에게 알려줄 노이즈 부분을 선택합니다.

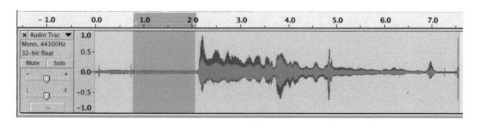

그림 2-16 기본적으로 포함되어 있는 노이즈 성분을 선택

Step 3. Effect → Noise Reduction을 메뉴를 선택합니다.

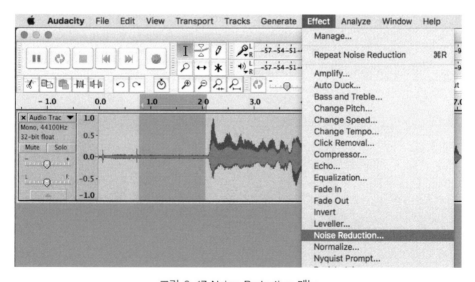

그림 2-17 Noise Reduction 메뉴

Step 4. Noise Reduction 메뉴창의 Step 1에서 Get Noise Profile을 클릭합니다.

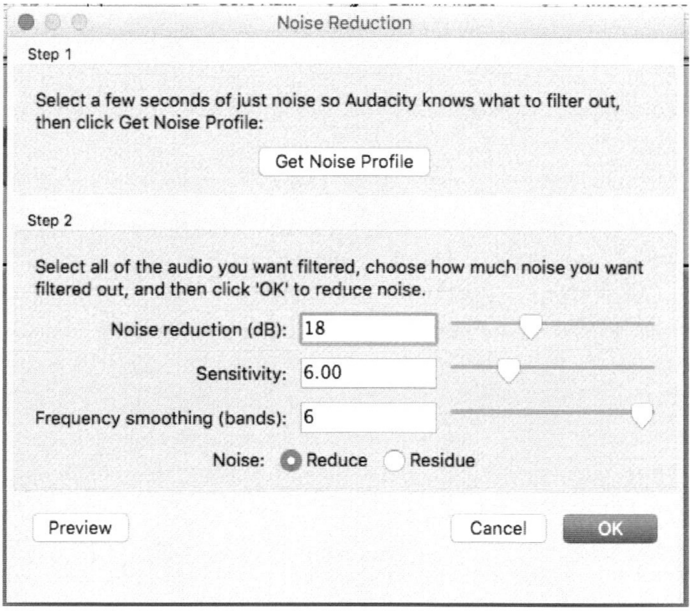

그림 2-18 Noise Reduction 메뉴창

Get Noise Profile은 방금 전 선택한 구간의 노이즈 특징을 Audacity에게 알려주는 것입니다. Get Noise Profile을 클릭하여 노이즈 구간의 특징을 Audacity에게 알려 줍니다.

Step 5. 트랙 전체를 선택하고 다시 Effect → Noise Reduction 메뉴를 선택합니다.
Step 6. 그림 2-18의 아래쪽 Step 2 창에서 각 파라미터를 설정합니다.
- Noise Reduction(dB) − Sensitivity에서 설정된 레벨 이하의 소리에 대하여 얼마 큼 줄일 것인지를 설정합니다.
- Sensitivity − 어느 정도 크기의 소리까지를 노이즈로 분류할 것인지를 설정합니

다. 이 값을 너무 크게 설정하면 우리가 원하는 소리까지 노이즈로 분류하여 제거하기 때문에 소리에 손상을 받게 됩니다.

- Frequency Smoothing(bands) – 노이즈를 얼마큼 섬세하게 제거할 것인지를 설정하는 것으로 이 값을 크게 할수록 섬세하고 자연스럽게 노이즈가 제거되지만 프로세싱하는 시간은 조금 더 걸리게 됩니다.

녹음된 파일의 상태에 따라 최적의 설정값이 달라지기 때문에 위의 세 가지 파라미터를 수정하고 Preview를 클릭해서 노이즈가 제거된 상태를 미리 들어보면서 작업을 하는 것을 권합니다.

하지만 Frequency Smoothing(bands)는 가장 크게, 그리고 Sensitivity 값은 되도록이면 작은 값으로 Noise Reduction(dB)는 12～30 정도의 값을 움직이며 확인한다면 만족할 만한 결과를 얻어낼 수 있을 것입니다.

이와 같은 과정을 거쳐서 노이즈가 제거된 사운드는 다음과 같습니다.

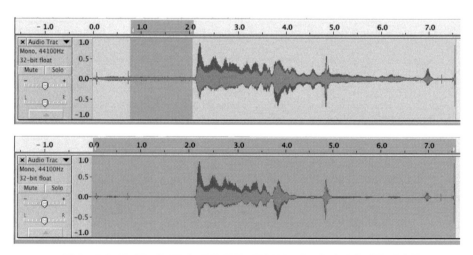

그림 2-19 노이즈를 제거하기 전의 사운드(위)와 노이즈가 제거된 사운드(아래)

2. 클릭 노이즈(Click Noise) 제거

컴퓨터에 익숙한 사람들에게 클릭이라 하면 보통 마우스의 클릭을 먼저 떠오르게 됩니다만 클릭은 '딸깍' 하는 짧은 순간의 소리를 의미합니다. 녹음을 하다 보면 아주 짧은 순간의 의도치 않은 소리가 녹음이 되는 경우가 있습니다. 예를 들어 녹음 중에 볼펜을 딸깍거리는 소리가 함께 녹음이 되었다거나 하는 것처럼 말이죠. 만약 이런 클릭음이 함께 녹음이 된 것을 인지하였다면 다시 녹음을 하면 되겠지만 녹음을 모두 마친 후, 편집을 하는 과정에서 이런 소리가 포함이 된 것을 인지하였다면 이와 같은 클릭 노이즈를 제거해야 할 텐데 이때 사용하는 기능이 바로 Repair입니다. Repair 기능은 아주 짧게 들어온 불규칙한 소리에 대하여 앞뒤의 파형과 비슷하게 만들어주는 기능입니다.

그림 2-20을 보면 중간에 갑자기 튀어 오른 부분을 볼 수 있습니다.

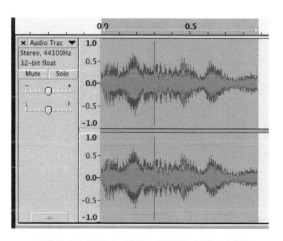

그림 2-20 클릭 노이즈가 포함된 사운드 파형

Step 1. Repair를 실행하기 위하여 클릭 노이즈를 확대하여 보겠습니다. 확대는 커서 (Cursor, 'ㅣ')를 클릭 노이즈 부분으로 옮기고 그림 2-21의 네모상자에 보이는 줌인 (Zoom In)을 누르면 파형이 확대됩니다. 클릭 노이즈를 확인할 수 있을 만큼 충분히 줌인을 합니다.

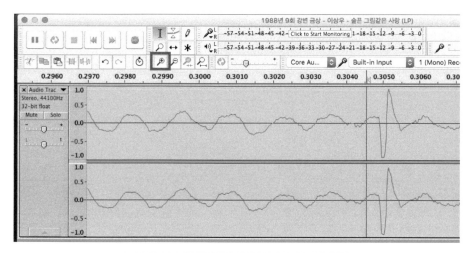
그림 2-21 파형을 줌인하여 클릭 노이즈를 확인

Step 2. 클릭 노이즈 부분을 선택합니다. (마우스로 시작점부터 끝 지점까지를 드래그하면 구간 선택이 됩니다.)

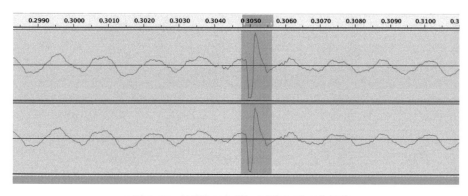
그림 2-22 수정하고자 하는 클릭 노이즈의 선택

Step 3. Effect → Repair 메뉴를 선택합니다.

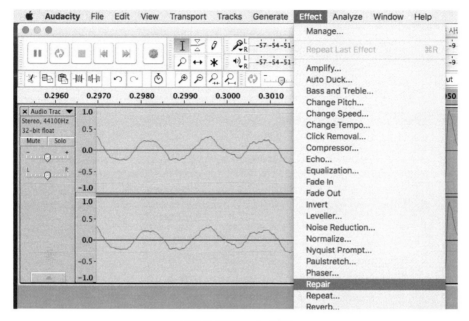

그림 2-23 Repair 실행

앞서 시행했던 프로세스들의 경우는 메뉴를 실행하면 별도의 메뉴창이 뜨고 메뉴창에서 여러 가지 설정을 한 후 'OK'를 클릭하면 실행이 되는 형식이었지만 Repair의 경우는 메뉴를 클릭한 순간 Step 2에서 선택한 구간에 대한 Repair 작업이 진행됩니다.

Repair를 실행하고 나면 그림 2-24와 같이 갑자기 튀어나온 부분의 파형을 앞뒤의 파형과 유사하게 맞춰주게 됩니다.

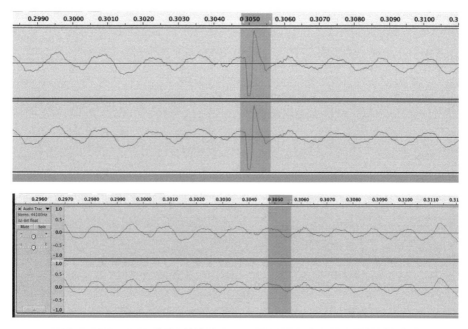

그림 2-24 Repair를 하기 전(위)과 Repair를 실행하고 난 후(아래)의 파형변화

방금 전의 예와 같이 녹음 중 간헐적으로 발생한 클릭 노이즈를 제거하는 경우라면 Repair를 이용하여 클릭 노이즈를 제거할 수 있지만 연속적으로 클릭 노이즈가 발생을 하는 경우도 있습니다. 대표적인 사례로 LP 판에서 소리를 녹음하는 경우가 있습니다. 이런 경우는 중간중간 바늘이 튀는 소리가 발생을 하게 되고 이런 클릭 노이즈를 하나하나 선택해서 위와 같은 방법으로 제거하기에는 여간 번거로운 일이 아닐수 없습니다. (물론 이렇게 노이즈를 제거하는 것이 훨씬 깔끔하긴 합니다. 시간과정성을 들이면 결과는 항상 그만큼의 보답을 하는 듯합니다.)

이와 같이 연속적인 클릭 노이즈를 제거하고자 할 때는 Click Removal이라는 기능을 사용할 수 있습니다. Click Removal은 트랙 전체를 선택한 후, Click Removal을 실행하고 몇 가지 파라미터를 조정하여 음원 전체의 연속적인 클릭 노이즈를 제거할 수 있습니다.

Step 1. 클릭 노이즈를 제거하고자 하는 트랙의 전체를 선택합니다. 트랙에 커서를
올리고 더블 클릭을 하면 전체 선택이 가능합니다.

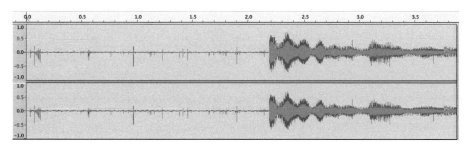

그림 2-25 클릭 노이즈를 제거하고자 하는 트랙의 앞부분

그림 2-25를 보면 음악이 시작하기 전 부분에 짧게 튀어 오른 클릭 노이즈들을 확인
할 수 있을 것입니다.

Step 2. Effect → Click Removal을 선택합니다.

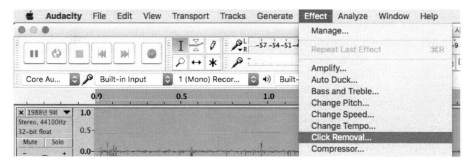

그림 2-26 Click Removal 메뉴 선택

Step 2. Click Removal 메뉴창에서 적절한 설정값을 입력합니다.

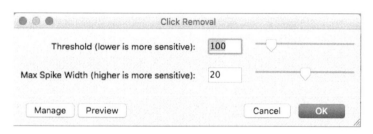

그림 2-27 Click Removal 메뉴창

- Threshold－이 값이 작으면 작게 튀어 오른 클릭 노이즈들까지 모두 제거해주게 됩니다. 따라서 이 값이 작을수록 Click Removal은 더욱 섬세하게 동작하게 됩니다.
- Max Spike Width－이 값은 클릭 노이즈의 시간을 의미합니다. 얼마만큼의 시간 만큼 튀어 오른 클릭 노이즈까지를 제거할 것인지를 설정하는 것인데 이 값이 크면 Click Removal이 섬세하게 동작하기는 하지만 원래의 소리에 변형을 가지고 오게 되므로 적절한 값을 찾는 것이 중요합니다.

적절한 값을 찾기 위해서 두 개의 설정값을 변경해가면서 Preview를 통해서 설정값 이 적절한지 미리 들어볼 수 있습니다.

적절한 설정값을 찾았다면 OK를 클릭합니다.

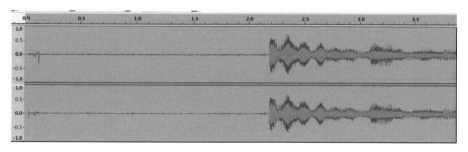

그림 2-28 Click Removal을 실행하고 난 후의 변화

3. 클립(Clip) 수정

직접 녹음을 하는 경우라면 녹음하고자 하는 소리의 최대 음량이 피크(녹음할 수 있는 최대치)를 넘지 않도록 하며 −1~−1.5dB 정도의 여유를 가질 수 있도록 하는 것이 좋습니다. 하지만 다른 사람이 녹음한 파일을 받거나 또는 피치 못할 사정으로 인해서 피크를 넘게 녹음을 한 사운드를 받아서 작업을 해야 하는 상황이 올 수도 있습니다. 이렇게 녹음할 수 있는 허용 범위를 초과하면서 찌그러진 경우를 클립핑(Clipping)이라고 이야기합니다.

−1dB로 노멀라이즈를 하면 괜찮아지지 않을까 하여 노멀라이즈를 실행한다면 아마 다음 그림과 같은 상황과 마주하게 될 것입니다.

그림 2-29 클립핑이 발생한 파일을 −1dB로 노멀라이즈한 소리의 확대

그림에서 보다시피 윗부분과 아랫부분이 직선으로 나타나 있는 것을 볼 수 있습니다. 이것은 녹음할 수 있는 최대치를 넘어가서 디지털적으로 표현할 수 있는 최대치로 유지가 되고 있는 것입니다.

이와 같이 클립핑이 있는 경우, 클립핑이 심하지 않다면 Clip Fix라고 하는 기능을 이용하여 클립핑을 어느 정도 보정할 수 있습니다.

Step 1. 클립핑이 있는 부분을 선택한 후 Effect → Clip Fix 메뉴를 선택합니다.

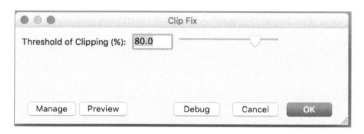

그림 2-30 Clip Fix 메뉴창

Step 2. 클립핑이 발생한 정도를 Threshold of Clipping에 입력하고 OK를 클릭합니다.

그림 2-31 Clip Fix를 실행하고 난 후의 파형

그림과 같이 클립핑이 일어난 부분에 대한 보정작업이 이루어지게 됩니다.

4. 구간 선택 삭제(Selection & Cut)

녹음을 하고 나면 우리가 필요한 부분보다 필요하지 않은 무음구간이 훨씬 많은 경우가 많습니다. 이런 경우는 무음구간을 제거해줄 필요가 있습니다.

무음구간의 제거는 무음구간을 선택한 후 Delete 키를 눌러서 구간을 삭제할 수 있습니다.

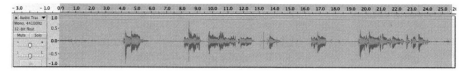

그림 2-32 무음구간이 포함되어 있는 사운드

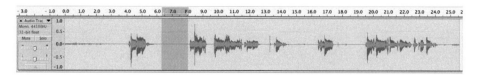

그림 2-33 제거하고자 하는 무음구간의 선택

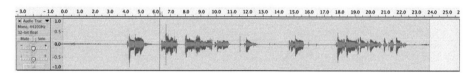

그림 2-34 무음구간을 제거한 사운드

그런데 위의 녹음된 사운드를 보면 무음구간이 여러 군데에 있는 것을 볼 수 있습니다. 그렇다면 이것을 일일이 선택하여 삭제하여야 하는 걸까요?

요즘 주변에 팟캐스팅과 같은 개인방송을 하는 친구들이 많이 있는데요. 대부분의 친구들이 녹음을 마친 후 편집을 할 때 제일 많은 시간을 보내는 것이 바로 이 무음구간을 제거하는 일이더군요.

위의 예는 25초 정도의 사운드이니 기껏해야 4～5개 정도의 무음구간을 제거하면 되지만 만약 30분 정도의 녹음 분량이라면 이렇게 하나하나 찾아서 선택하고 제거하는 일은 정말 엄청난 정성이 들어가야 하는 일일 것입니다.

이럴 때 사용할 수 있는 기능이 바로 Truncate Silence 기능입니다. 이 기능을 사용하면 일정 음량 이하의 구간을 찾아서 일정한 비율로 시간을 줄여줄 수 있게 됩니다.

그럼 위의 예제 사운드를 Truncate Silence 기능을 이용하여 무음구간을 제거해보
도록 하겠습니다.

Step 1. 트랙 전체를 선택한 후 Effect → Truncate Silence 메뉴를 선택합니다.

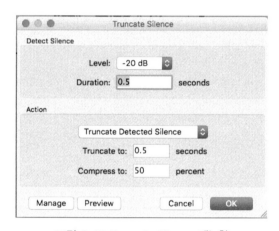

그림 2-35 Truncate Silence 메뉴창

Truncate Silence 메뉴창은 크게 무음구간을 찾아내는 Detect Silence 부분과 찾
아낸 무음구간을 제거하는 Action 부분으로 되어 있습니다.

- Detect Silence
  Level에서 설정한 값보다 작은 소리가 Duration에서 설정한 시간 이상 유지되었을
  때 Audacity는 이 구간을 무음구간이라고 인식하게 됩니다.
- Action
  무음구간을 인식하고 난 후, 두 가지 방식으로 무음구간을 제거할 수 있는데

Truncate Detected Silence 방식과 Compress Excess Silence 방식입니다.

－Truncate Detected Silence : 무음구간을 인식했을 때, 그 구간은 모두 'Truncate to:'에서 설정한 시간으로 무음구간을 일률적으로 조정합니다. 무음구간이 3초가 되었건 0.7초가 되었건 그 시간은 모두 0.5초로 맞춰지게 됩니다.

－Compress Excess Silence : 무음구간을 인식했을 때, 그 구간은 'Compress to:'에서 설정한 비율로 무음구간을 조정합니다. 이 비율을 50%로 설정한 경우 무음구간이 3초였다면 무음구간을 1.5초로 만들고 무음구간이 0.7초였다면 무음구간을 0.35초로 조정하게 됩니다.

이와 같이 위의 예제 사운드에서 Truncate Silence를 실행하고 나면 약 25초 정도의 사운드가 그림 2-36과 같이 약 14초 정도로 줄어드는 것을 확인할 수 있습니다.

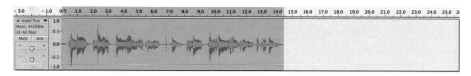

그림 2-36 Truncate Silence 기능을 이용하여 무음구간을 삭제한 사운드

2.2.2 노멀라이즈(Normalize)

노멀라이즈(Normalize)는 정규화라고 번역이 되는데요. 노멀라이즈는 사운드의 최대 음량을 일정하게 맞춰주는 역할을 합니다. 예를 들어 여러분이 주변에서 방문을 두드리는 노크 소리도 녹음을 하고 박수소리도 녹음을 하고 유리잔을 두드리는 소리도 녹음을 했다고 가정해보겠습니다. 각각의 소리는 각각 다른 음량으로 녹음이 되어 있을 것입니다. 그렇다면 나중에 이 소리들을 이용하여 사운드 디자인 작업을 할 때 어디를 기준으로 해야 할지 불분명해지게 됩니다. 그래서 노멀라이즈라는 과정을 통해서 우리가 가지고 있는 소리 재료들의 최대 음량을 일정하게 맞춰주는 작업을 하게

되는 것입니다.

앞서 DC 성분을 제거할 때 Normalize라는 메뉴를 선택했는데요. Normalize 메뉴를 선택하면 다음 그림과 같이 두 번째 칸에 'Normalize maximum amplitude to [−1.0] dB'이라고 되어 있고 앞쪽에 체크를 할 수 있는 체크박스가 있어서 노멀라이즈를 실행할 것인지 아니면 DC Offset 제거 기능만 사용할 것인지를 선택할 수 있게 되어 있습니다. 만약 선택된 트랙의 사운드가 스테레오라면 양쪽 트랙에서 제일 큰 음량을 기준으로 노멀라이즈를 할 것인지 아니면 왼쪽 채널과 오른쪽 채널에서 독자적으로 가장 큰 음량을 기준으로 채널별로 노멀라이즈를 할 것인지를 선택할 수 있는 선택메뉴 'Normalize stereo channels independently'가 활성화됩니다.

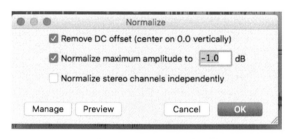

그림 2-37 Normalize 메뉴창

노멀라이즈의 최대 음량(maximum amplitude)은 '−1.0dB'이 기본 설정값인데 '0dB'로 설정을 하면 최대 음량이 +와 −의 끝 지점까지 채워지게 됩니다. (Audacity가 낼 수 있는 최대 음량까지 내게 되는 것입니다.) 그리고 기본 설정값처럼 '−1.0dB'라고 설정을 하면 Audacity가 낼 수 있는 최대 음량에서 −1.0dB만큼 작은 값을 최대 음량으로 설정하게 됩니다. 이 값은 여러분이 소리의 재료로부터 어떤 사운드 프로세싱을 하게 될 것인지에 따라서 적절한 값이 달라지게 되는데요. 이후에 사운드 프로세싱들을 거치면서 소리가 일정 부분 커지게 될 경우, 최대 음량이 너무 크다면 소리가 찌그러지는 결과를 초래할 수 있기 때문에 여기서는 일단 기본 설정값인 −1.0dB로 설정을 하도록 하겠습니다.

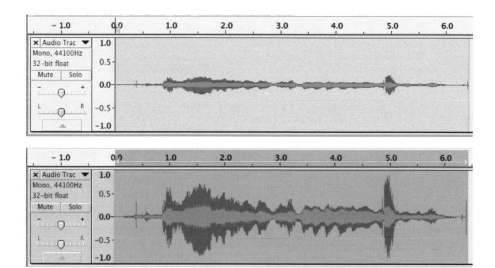

그림 2-38 녹음된 원본 파일(위), 노멀라이즈를 실행한 파일(아래)

그림 2-38을 보면 음량이 커진 것을 확인할 수 있습니다.

과제

앞서 얻은 소리를 다듬어봅시다

지난 과제에서 녹음한 다양한 소리들을 Audacity로 불러온 후 각종 노이즈들을 제거하여 원하는 소리로 만들어봅시다.

2.3 어떻게 소리를 변형할 것인가?

지금까지는 녹음된 소리에서 우리가 원하지 않는 소리를 제거하는 프로세싱에 대해서 알아봤습니다.

그런데 사운드를 디자인할 때는 소리를 일부러 변형을 시킴으로써 특별한 효과를 만들어내는 경우도 종종 있습니다. 그래서 이번에는 녹음된 사운드를 변형시키는 기본적인 방법들에 대하여 알아보고자 합니다.

2.3.1 구체음악과 테이프 기법

구체음악(Concrete Music)은 1948년 프랑스의 피에르 쉐퍼(Pierre Schaeffer)가 사용한 용어로 테이프를 이용하여 구체적인 소리를 녹음하고 그 소리를 가공 변형, 편집하여 만든 음악을 이야기합니다.

대표적으로 피에르 쉐퍼의 철로 연습곡(Etude Aux Chemins de Fer)이 있는데요. 첼로가 아니라 철로임에 유의하기 바랍니다. 이 곡은 철로의 주변에서 만들어지는 소리들을 테이프에 녹음한 뒤 그 소리를 편집, 변형, 가공하여 만든 음악입니다. 구체음악에서 사용된 다양한 테이프 기법들은 현재의 전자음악에서도 상당히 많이 사용되고 있는데요.

그럼 이제부터 구체음악에서 사용되었던 다양한 테이프 기법들에 대하여 알아보도록 하겠습니다.

2.3.2 다양한 테이프 기법들

대표적인 테이프 기법들은 Tape Speed Change, Reverse Play, Looping, Split and Layer, Echo 기법 등이 있습니다.

:: 테이프 스피드 변화(Tape Speed Change)

구체음악은 실제 존재하는 다양한 소리들을 녹음하여 음악의 재료로 삼고 있습니다. 그런데 음악을 구성하기 위해서는 다양한 높이의 소리가 반드시 필요하게 됩니다. 그래서 구체음악에서는 테이프의 재생 속도를 빠르게 하거나 느리게 하여 원하는 음높이를 만들어냈습니다. 이와 같은 기법은 현대에 와서도 즐겨 사용되는 기법 중의 하나입니다.

그럼 녹음된 사운드에 대하여 어떻게 속도를 조정하고 그에 따른 음높이를 조정하는지 알아보도록 하겠습니다.

Step 1. 원하는 사운드 파일을 녹음하거나 불러옵니다.

Step 2. Effect → Change Speed 메뉴를 선택합니다.

그림 2-39 Change Speed 메뉴창

Step 3. 메뉴창 중간에 있는 슬라이더를 움직이면서 Preview 버튼을 이용하여 원하는 음높이가 만들어지도록 합니다.

Step 4. 원하는 음이 만들어졌다면 'OK' 버튼을 클릭합니다.

Speed Multiplier는 몇 배 빠르게 재생을 할 것인지를 결정하게 되는데 2배 빠르게 재생이 되면 한 옥타브 높은 음이 만들어지고 두 배 느리게, 즉 Speed Multiplier 값이 0.5가 되면 한 옥타브 낮은 음이 만들어지게 됩니다. 이와 관련한 이론적인 내용은 'PART 2의 6장 음고' 편에서 다루도록 할 것입니다.

:: 리버스(Reverse, 역방향 재생)

리버스(Reverse)는 구체음악에서는 테이프를 반대로 재생하는 기법입니다. 현대에 와서는 테이프를 반대로 재생하는 것이 아니라 디지털 적인 방법을 사용함으로써 선택한 구간의 소리만을 반대방향으로 재생시킬 수 있게 되었습니다. 우리가 평상시에 들을 수 없는 부자연스러운 소리이기 때문에 듣는 이로 하여금 깊은 인상을 심어주고자 할 때 즐겨 사용되는 테크닉입니다.
리버스 사운드는 우리에게 익숙하지 않고 리버스를 실행했을 때의 사운드에 대해서 예측이 쉽지 않기 때문에 다양한 사운드를 가지고 실험해보면서 리버스에 대한 감을 잡는 것이 중요합니다.
Audacity에서 구현하는 방법은 아주 간단합니다.

Step 1. 리버스하고자 하는 구간을 선택합니다.
Step 2. Effect → Reverse를 실행합니다.
Repair 기능과 같이 Reverse도 구간을 선택한 후 메뉴를 선택하면 별도의 메뉴창이 뜨지 않고 바로 실행이 됩니다.
Step 3. 소리를 확인해보기 바랍니다.

:: 루핑(Looping)

구체음악에서 루핑(Looping)은 테이프의 시작점과 끝 지점을 이어 붙여 일정한 소리를 반복적으로 재생하는 기법입니다. 하지만 디지털적인 방법으로 구현을 할 때는 원하는 지점만을 반복시킬 수 있습니다. 구현을 하는 소프트웨어에 따라 루핑이라는 기능을 가지고 있기도 하고 Audacity의 경우는 리피트(Repeat)라는 방법을 이용하여 루핑을 구현할 수 있습니다.

리피트는 선택한 구간을 반복해서 재생시키는 기능으로 다양한 방법으로 활용이 가능합니다.

리듬 요소가 되는 구간을 선택해서 반복시킴으로써 리듬 패턴을 만드는 방법으로 사용할 수 있습니다. 예를 들어 주변의 소리를 녹음했는데 그중에서 리듬이 될 만한 구간이 있다면 리피트 기능을 이용하여 리듬 패턴처럼 사용이 가능할 것입니다.

또는 짧은 구간을 반복시킴으로써 소리의 길이를 조절할 수도 있습니다. 예를 들어 '아~'라는 소리를 녹음했는데 이 길이를 조절하고 싶다면 '아~'라는 소리를 이루고 있는 짧은 구간을 반복시켜서 '아~ ~ ~'처럼 긴 소리를 만들어낼 수도 있습니다. 여기서는 두 번째의 경우를 예로 리피트 방법을 설명하도록 하겠습니다.

Step 1. 반복하고자 하는 구간을 선택합니다.

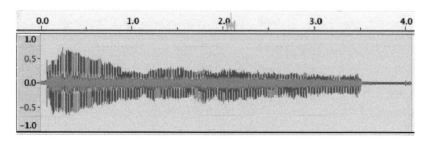

그림 2-40 '아'를 녹음한 트랙

그림 2-40은 제가 직접 '아~'라고 녹음을 한 것입니다. 앞서 설명한 것처럼 '아~'와 같은 소리는 일정한 파형이 반복적으로 나타나기에 그 반복적인 패턴을 보기 위하여 줌인 기능을 이용하여 충분히 확대해서 보도록 하겠습니다.

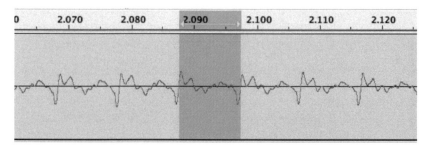

그림 2-41 줌인 기능을 이용하여 파형을 충분히 확대

그림 2-41을 보면 일정한 패턴이 계속 반복되고 있는 것을 확인할 수 있습니다. 여기서 하나의 주기만큼을 선택하였습니다.

Step 2. Effect → Repeat 선택하면 다음과 같은 Repeat 메뉴창이 나타납니다.

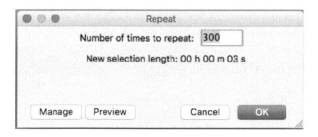

그림 2-42 Repeat 메뉴창

Repeat 메뉴창에서는 반복할 횟수를 설정하고 OK를 클릭합니다. 이 예제의 경우는 한 주기가 굉장히 짧기 때문에 반복횟수를 충분히 크게 설정을 해주어야 효과를 확인

할 수 있습니다.

이렇게 Repeat를 실행하고 나면 아래의 그림과 같이 사운드의 길이가 늘어난 것을 확인할 수 있으며 소리를 재생해보면 '아~~~'와 같이 길어진 것을 확인할 수 있습니다. (물론 살짝은 부자연스럽고 기계적인 소리가 나기는 합니다.)

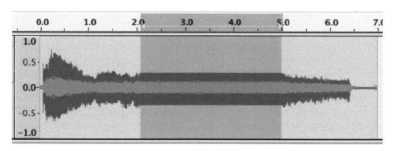

그림 2-43 Repeat를 통하여 '아~'가 길어진 파형

Repeat 역시 주변의 다양한 소리를 녹음하여 다양한 실험을 통하여 몸과 귀로 익히시길 권합니다.

:: 스플릿(Split)

스플릿은 테이프기법에서 아주 중요한 기법 중의 하나인데요. 간단하게 설명하면 테이프를 이어붙이는 기법입니다. 스플릿은 서로 다른 두 개의 소리를 분리시켜서 이어붙이는 기법으로 예를 들어 같은 음정의 트럼펫과 오보에 소리를 녹음하고 트럼펫소리의 시작지점과 오보에 소리의 지속지점을 이어 붙여서 새로운 악기 소리처럼 만드는 기법입니다.

그럼 이제부터 Audacity를 이용하여 스플릿을 구현해보도록 하겠습니다.

Step 1. 스플릿하고자 하는 두 개의 소리 파일을 불러옵니다.

다음의 그림 2-44는 Audacity에서 트럼펫의 C5에 해당하는 소리와 오보에의 C5에 해당하는 소리를 각각 불러온 그림입니다.

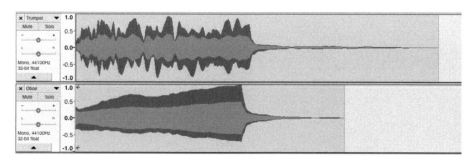

그림 2-44 Audacity에서 트럼펫과 오보에의 소리를 불러옴

Step 2. 앞부분에서 사용할 소리의 뒷부분을 선택하고 Delete 키를 눌러 삭제합니다. 이 예제에서는 트럼펫의 앞부분 소리를 사용할 것이므로 트럼펫의 뒷부분을 선택해서 잘라냈습니다.

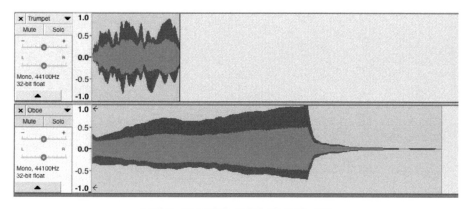

그림 2-45 트럼펫 소리의 뒷부분을 삭제

Step 3. 뒷부분으로 사용할 부분을 선택하여 복사합니다. (Edit → Copy를 선택하거나 Control+C, Mac에서는 CMD+C 단축키를 사용할 수도 있습니다.)

이 예제에서는 오보에의 뒷부분 소리를 사용할 것이므로 오보에의 뒷부분을 선택하여 복사합니다.

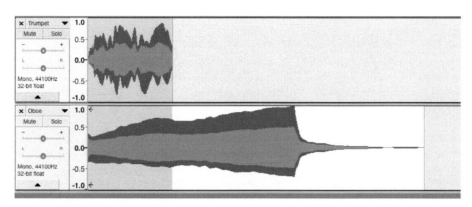

그림 2-46 오보에 소리의 뒷부분을 선택

Step 4. 앞부분으로 사용할 소리의 제일 마지막 부분에 커서를 위치시키고 붙여넣기 합니다. (Edit → Paste를 선택하거나 Control + V, Mac에서는 CMD + V 단축키를 사용할 수도 있습니다.)

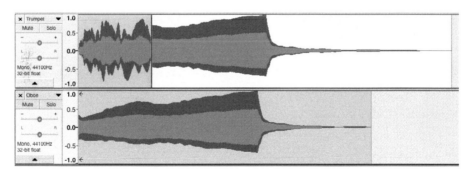

그림 2-47 트럼펫의 앞부분과 오보에의 뒷부분을 갖다 붙인 소리

Step 5. 새로 만들어진 트랙을 남기고 나머지 트랙을 제거합니다. 트랙의 왼쪽 상단

X를 클릭하면 트랙이 제거됩니다.

Step 6. File → Save other를 이용하여 원하는 파일 형식으로 저장을 합니다.

그림 2-48 새로운 파일로 저장

이렇게 스플릿된 사운드를 별도의 소리 파일로 가지고 있으면 언제든지 재사용이 가능해집니다.

:: 에코(Echo)

에코는 메아리라는 의미를 가지고 있으며 소리가 일정한 시간간격을 두고 반복해서 나오는 효과를 에코라고 합니다. 구체음악에서의 에코는 굉장히 재미있는 방법으로 구현이 되었는데요. 소리를 재생하는 재생헤드를 일정한 간격을 두고 배치시켜서 테이프가 한 번 지나가면서 여러 번의 재생헤드를 거치게 하여 소리가 메아리처럼 반복되게 하는 것입니다.

Audacity를 비롯한 대부분의 소프트웨어들이 에코를 구현해주는 기능을 갖추고 있지만 여기서는 테이프 기법과 유사한 방법으로 에코를 구현하는 방법을 소개하고자 합니다.

Step 1. 에코를 적용시킬 사운드 파일을 준비합니다.

Step 2. 불러온 사운드 파일의 복사본 트랙을 여러 개 생성합니다. 방법은 Edit →
Duplicate를 하면 트랙이 복사됩니다.

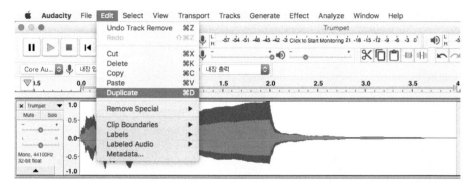

그림 2-49 트랙의 복사

Step 3. Step 2를 여러 번 실행하여 반복하고자 하는 횟수만큼의 트랙을 만듭니다.
저는 4개의 트랙을 만들어보겠습니다.

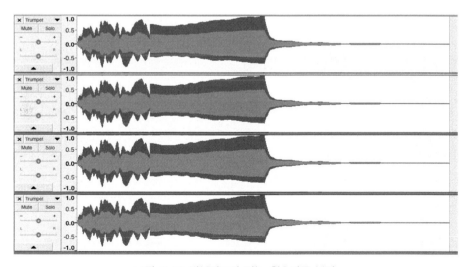

그림 2-50 반복하고자 하는 횟수만큼 복사

Step 4. Time Shift Tool(←→)을 선택합니다.

그림 2-51 Time Shift Tool의 선택

Step 5. 두 번째, 세 번째, 네 번째 트랙을 오른쪽으로 움직여 재생되는 시간을 뒤로 늦춥니다.

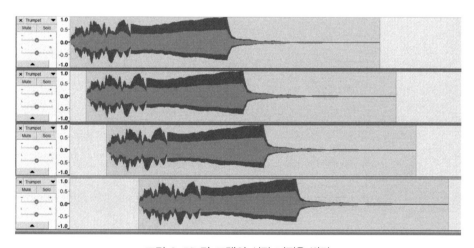

그림 2-52 각 트랙의 시작 지점을 변경

Step 6. 각 트랙의 음량을 조절하면 좀 더 자연스러운 에코가 만들어지게 됩니다. 일반 적으로 뒤로 갈수록 작은 음량의 소리를 내게 됩니다. 음량의 조정은 트랙의 왼편 Mute|Solo 버튼 바로 아래에 있는 슬라이더로 하면 됩니다.

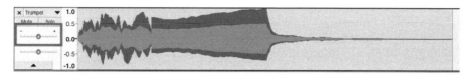

그림 2-53 음량조절 슬라이더

:: 인버트(Invert, 역상)

인버트는 테이프 기법에서는 사용하지 않는 기술입니다. 하지만 디지털화된 사운드 디자인에서는 유용하게 사용할 수 있는 기법이라서 간단하게 설명을 하기로 하였습니다. 인버트(Invert)는 역상을 만드는 기능인데요. 앞서 다뤘던 리버스나 리피트처럼 극적인 효과는커녕 과연 소리에 변화가 생겼는지 알 수 없는 기능에 해당이 됩니다. 그럼 왜 이 기능을 다루고 있는 것일까요? 인버트는 원래의 소리에 적용을 했을 때는 효과를 느낄 수 없지만 다른 소리들과 합쳐졌을 때는 굉장히 특별한 효과들을 만들어 내게 됩니다.

우선 역상이라는 것이 무엇인지에 대해서 알아보도록 하겠습니다.

역상은 간단하게 파형의 위아래가 바뀐 것이라고 보면 됩니다.

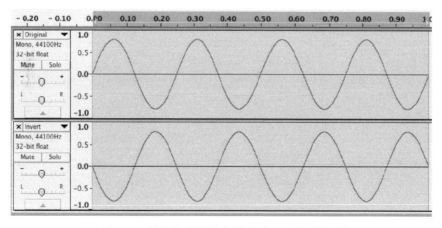

그림 2-54 원래의 파형(위)과 인버트(Invert)를 한 파형

그림 2-54를 보면 마치 원래의 파형에 거울을 비친 듯한 파형이 인버트(Invert) 파형임을 알 수 있습니다.

실제로 저 두 소리를 따로 들어보면 소리의 차이를 거의 느낄 수 없습니다.

그런데 만약 저 두 파형을 함께 재생하면 어떻게 될까요?

그렇습니다. 소리가 나지 않을 것입니다. 원래의 파형이 + 일 때, 인버트된 파형은 − 이며 그 변위는 같습니다. 따라서 두 개의 파형이 더해지면 0이 되어 소리는 나지 않습니다.

보컬 소리를 지워준다는 보컬 리무버의 시작도 바로 인버트(Invert)로부터 시작이 되었습니다. 우리가 음악을 들을 때, 스테레오 음원이라면 소리가 좌우로 펼쳐져 있는 것을 느낄 수 있는데요. 이때 보통 보컬 트랙은 정중앙에 배치가 되는 경우가 많습니다. (요즘의 음악은 믹싱 과정에서 굉장히 다양한 테크닉들이 사용되기 때문에 정중앙의 느낌보다는 앞으로 나와 있는 느낌과 전체 공간을 채우고 있는 느낌이 드는 경우가 많습니다.)

만약 보컬사운드가 정중앙에 배치되어 있다면 한쪽 트랙을 인버트한 후 재생을 하게 되면 보컬사운드가 희미해지게 되는 원리입니다. 여러분이 조금 오래된 음원을 가지고 있다면 한번 실험을 해보도록 하겠습니다.

Step 1. File → Import → Audio를 선택한 후 Stereo 음원을 불러옵니다.

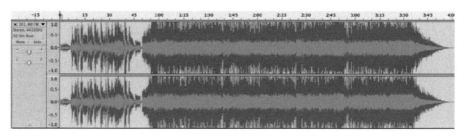

그림 2-55 스테레오 음원의 Import

Step 2. 한쪽 채널(Left 또는 Right)만 인버트(Invert)하기 위하여 스테레오 트랙을 두 개의 모노 트랙으로 분리합니다.

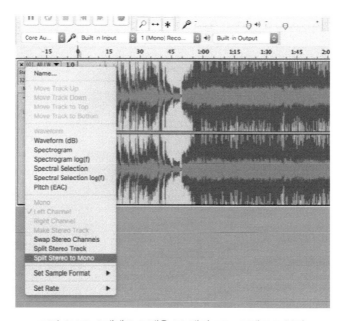

그림 2-56 스테레오 트랙을 두 개의 모노 트랙으로 분리

트랙 이름이 써 있는 곳의 오른쪽에 아래 방향의 삼각형을 클릭하면 트랙을 설정할 수 있는 메뉴가 나오는데 여기서 'Split Stereo to Mono'를 선택하면 됩니다.

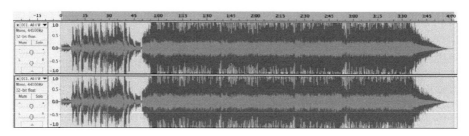

그림 2-57 두 개의 모노 트랙으로 분리된 화면

Step 3. 이제 분리된 두 개의 트랙 중 하나의 트랙 전체를 선택한 후, Effect →
Invert를 선택합니다. Invert 메뉴도 메뉴를 선택하는 순간 선택된 구간에 대해서
Invert를 바로 실행하게 됩니다.

Step 4. 재생 버튼을 눌러서 소리를 확인해보도록 합니다.

소리를 들어보면 보컬이 희미해지거나 멀리에서 들리는 것을 확인할 수 있을 것입니다.
지금 들리는 음악은 원래의 음악이 가지고 있던 스테레오(Stereo) 사운드가 아니라
모노(Mono) 사운드가 됩니다. 스테레오 사운드를 분리하여 두 개의 모노 사운드로
만들고 두 개의 사운드 중 하나를 역상(Invert)으로 만든 후 두 개의 트랙이 모노로
함께 재생되면 역상인 사운드가 상쇄되어 희미해지거나 사라지게 되는 것입니다.
대부분의 보컬 음악에서 보컬이 중앙에 위치하기에 이와 같은 방법을 사용하는 경우
보컬 사운드가 사라지거나 희미해지게 되는 것이고 비단 보컬 사운드뿐만 아니라 스
테레오 음악에서 중앙에 위치한 악기의 소리가 이 방법에 의해 희미해지거나 멀어지
게 됩니다.

여러분이 가지고 있는 다양한 음악들에 대해서 이 방법을 적용해보고 그 결과가 어떻
게 만들어지는지 확인해보시기 바랍니다.

요즘은 이것보다 훨씬 발전된 형태의 알고리듬을 이용하여 보컬을 제거하는 방법을
사용하고 있습니다만 보컬을 제거하는 기본적인 원리를 이해하고 있다면 발전된 형태
의 알고리듬을 이해하는 데에도 도움이 될 것입니다.

이외에도 어떤 두 개의 소리를 믹스했을 때 갑자기 소리가 작아지거나 멀어진다면
두 개의 소리 중 하나의 소리를 역상(Invert)으로 만들어서 더하면 두 개의 소리 모두
명확한 소리를 얻을 수 있는 경우가 있습니다.

이렇게 해서 2장에서는 실제 존재하는 소리를 녹음하고 녹음된 소리로부터 불필요
한 소리(노이즈)를 제거하고 소리를 다양하게 변형시키는 방법에 대하여 알아보았
습니다.

철로 연습곡, 윈도우즈 연습곡을 참고하여 하나의 주제를 정하고 그 사운드를 이용하여 음악을 만들어봅시다

Chapter 03 소리의 재료 2 – Generated Wave

앞서 우리는 실제로 존재하는 소리를 녹음한 후 사용 용도에 따라 녹음된 소리에서 원치 않는 성분들을 제거하고 필요에 따라 소리를 가공하는 방법에 대하여 알아보았습니다. 이번에는 자연적으로 존재하지 않지만 계산에 의해서 만들어지는 소리 중에서 주기적인 파형의 특징을 알아보고 그 파형을 만들어내는 방법에 대하여 알아보겠습니다. 이와 같은 파형은 대개 연산에 의해서 발생시키기 때문에 발생된 파형이라는 의미로 Generated Wave라고 부릅니다.

3.1 사인파(Sine Wave)

사인파는 다음 그림처럼 생긴 파형입니다. 생긴 것이 둥글둥글하게 생겼는데요. 소리를 들어보면 소리도 둥글둥글하다는 것을 느낄 수 있을 것입니다. 보통 음향학 책에서는 정현파, 순수파 등의 이름으로도 부르며 그 느낌이 맑고 투명하다고 이야기하기도 합니다. 하지만 꼭 소리를 들어보고 여러분만의 느낌을 갖기를 권합니다.

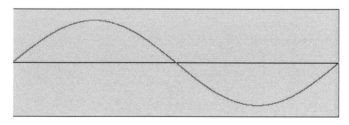

그림 3-1 사인파의 생김새

사인파는 그림과 같이 + 방향으로 올라갔다가 0점을 지나서 − 방향으로 점차 줄어들었다가 다시 제자리로 돌아오는 것이 한 주기입니다. 이와 같은 것을 한 번 진동했다고 이야기하고요. 만약 100Hz의 사인파라면 1초에 백 번 진동을 하는 거니까 이와 같은 파형이 1초에 100번 있을 것입니다.

사인파의 가장 큰 특징은 배음이 자기 자신밖에 없다는 것입니다. 피아노와 기타가 같은 음을 연주했을 때, 음높이가 같음에도 불구하고 하나는 피아노 소리, 하나는 기타 소리라고 구분이 가능한 이유는 바로 두 악기가 서로 다른 배음 구조를 가지고 있기 때문인데요. 사인파의 경우는 배음이 자기 자신밖에 없습니다. 만약 100Hz의 사인파를 만들었다면 오로지 100Hz의 소리만 내고 있다는 것이죠.

3.1.1 어떻게 만들까?

대부분의 사운드 관련 소프트웨어에는 손쉽게 사인파를 만들어낼 수 있는 기능을 가지고 있으며 Audacity 역시 어렵지 않게 사인파를 만들어낼 수 있습니다.

Audacity를 이용하여 사인파를 만드는 방법은 다음과 같습니다.

Generate → Tone 메뉴를 선택합니다.

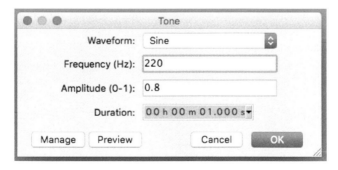

그림 3-2 Tone 메뉴창

Tone 메뉴창에서 Waveform은 Sine을 선택하고 만들고자 하는 주파수를 Frequency(Hz)에 입력하고 음량을 Amplitude(0-1)에 입력합니다. 음량은 0에서 1까지의 값으로 입력합니다. 0은 소리가 안 나는 것이고 1이 Audacity가 낼 수 있는 최대 음량입니다. 그리고 마지막으로 만들고자 하는 사인파의 길이를 Duration에 입력하고 OK를 누르면 됩니다.

다양한 주파수의 사인파를 만들어 소리를 들어보면서 사인파에 대한 여러분만의 감각을 갖도록 해봅시다.
소리를 재생할 때는 갑자기 귀를 피곤하게 하는 소리가 재생되면서 청력손상을 일으킬 수도 있으므로 컴퓨터의 음량을 최대한 줄여놓은 상태에서 재생을 시키고 천천히 컴퓨터의 음량을 키우기를 권합니다.

3.1.2 사인파(Sine Wave)의 특징은 어떠한가?

앞서 우리는 사인파에 대해서 '배음이 자기 자신뿐인 파형'이라고 설명을 하였습니다. 이 설명을 이해하기 위하여 기음과 배음에 대한 이야기를 잠시 하도록 하겠습니다. 대부분의 파형들은 기본이 되는 주파수에 일정한 배수가 되는 배음들을 갖고 있습니다. 여기서 기본이 되는 주파수를 기음(Fundamental)이라고 하며 제1하모닉스(Harmonics)라고도 부릅니다. 배음을 부르는 용어는 하모닉스(Harmonics)와 오버톤(Overtone)이 있는데 하모닉스와 오버톤 모두 우리말로는 배음이라고 번역이 되지만 두 용어는 약간의 차이가 있습니다.
하모닉스의 경우는 기음을 첫 번째 하모닉스라고 부르지만 오버톤은 기음 다음의 배음을 첫 번째 오버톤이라고 부릅니다.
예를 들어 피아노의 낮은 A음을 소리낼 때, 배음을 하모닉스와 오버톤의 개념으로 정리하면 다음 표와 같습니다.

110Hz	220Hz	330Hz	440Hz	550Hz	⋯
기음	제1오버톤	제2오버톤	제3오버톤	제4오버톤	⋯
제1하모닉스	제2하모닉스	제3하모닉스	제4하모닉스	제5하모닉스	⋯

대부분의 소리들은 위의 표와 같이 기음의 주파수에 대해 배음들을 가지고 있고 이 배음의 구성에 따라 고유의 음색이 만들어지게 되는 것입니다.

반면 사인파의 경우는 기음(제1하모닉스)만을 가지고 있을 뿐 배음이 전혀 없는 소리 입니다. 그래서 사인파를 순수한 웨이브(순수파)라고 부르는 것입니다.

이렇듯 주파수의 성분을 확인할 수 있는 방법이 몇 가지 있는데요. 그중 대표적인 방법이 스펙트럼 분석(Spectrum Analyzer)입니다. 스펙트럼 분석은 FFT나 Fast Fourier Transform, Frequency Analyzer 등으로 불리기도 합니다.

이를 확인해보기 위해서 5,000Hz의 사인파를 하나 만들고 분석하고자 하는 파형을 선택한 후 Analyze → Plot Spectrum 메뉴를 선택합니다. 그러면 그림 3-3과 같은 창이 열리게 됩니다.

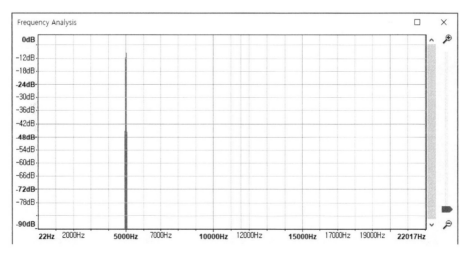

그림 3-3 5,000Hz 사인파의 스펙트럼 분석

그림에서 보듯이 5,000Hz에 하나의 성분만 올라와 있고 다른 주파수 성분은 나타나지 않는 것을 확인할 수 있습니다.

앞으로 다루게 될 파형들에 대해서도 이 방법을 이용하여 주파수 성분을 확인하도록 할 것입니다.

3.2 사각파(Square Wave)

사각파는 그림 3-4처럼 생긴 파형입니다. 생긴 것이 사각형으로 생겼습니다. 소리를 들어보면 소리도 약간 각이 져 있다는 것을 느낄 수 있을 것입니다.

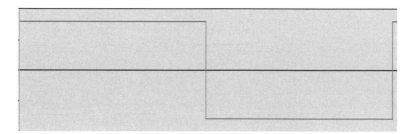

그림 3-4 사각파(Square Wave)의 생김새

사각파는 위의 그림과 같이 시작점에서 + 방향의 끝까지 올라가서 그 크기를 유지하다가 일정한 시간이 지난 후 − 방향의 끝까지 내려가서 일정한 시간이 유지되는 것이한 주기입니다. 저와 같은 것을 한 번 진동했다고 이야기하고요. 만약 100Hz의 사인파라면 1초에 백 번 진동을 하는 거니까 저와 같은 파형이 1초에 100번 있을 것입니다. 사각파의 가장 큰 특징은 홀수배의 배음을 가지고 있다는 것입니다. 만약 100Hz의사인파를 만들었다면 100Hz, 300Hz, 500Hz, 700Hz, …의 배음을 갖게 됩니다.

3.2.1 어떻게 만들까?

대부분의 사운드 관련 소프트웨어에는 손쉽게 사각파를 만들어낼 수 있는 기능을 가지고 있으며 Audacity 역시 어렵지 않게 사각파를 만들어낼 수 있습니다.

Audacity를 이용하여 사각파를 만드는 방법은 다음과 같습니다.

Generate → Tone 메뉴를 선택합니다.

Tone 메뉴창에서 Waveform은 Square를 선택하고 만들고자 하는 주파수를 Frequency(Hz)에 입력하고 음량을 Amplitude(0-1)에 입력합니다. 음량은 0에서 1까지의 값으로 입력합니다. 0은 소리가 안 나는 것이고 1이 Audacity가 낼 수 있는 최대 음량입니다.

그리고 마지막으로 만들고자 하는 사각파의 길이를 Duration에 입력하고 OK를 누르면 됩니다.

다양한 주파수의 사각파를 만들어 소리를 들어보면서 사각파에 대한 여러분만의 감각을 갖도록 해봅시다. 참고로 예전의 신디사이저에서는 사각파를 이용하여 클라리넷 소리를 만들었다고 합니다.

소리를 재생할 때는 갑자기 귀를 피곤하게 하는 소리가 재생되면서 청력손상을 일으킬 수도 있으므로 컴퓨터의 음량을 최대한 줄여놓은 상태에서 재생을 시키고 천천히 컴퓨터의 음량을 키우기를 권합니다.

참고 Square, no Alias에 대하여
Tone 메뉴창에서 Waveform을 선택할 수 있는 옵션을 보면 Square, no Alias라는 것이 있습니다. Square는 앞서 설명을 했는데 그렇다면 'Square, no Alias'는 무엇일까요? 어쩌면 '이건 뭐지?'라며 이미 확인을 해본 분도 있을 것 같은데요. (일단 한번 이 옵션을 선택해서 파형을 만들어보지요.) 사각파와 흡사하게 생겼는데 +에서 -로, 또는 -에서 +로 올라가는 부분이 뭔가 이상합니다.

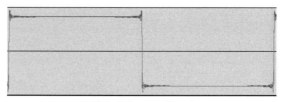

그림 3-5 Square, No Alias

생긴 모습으로 봐서는 일반적인 사각파의 모습이 완벽한 사각형의 모양을 가지고 있기는 하지만 주파수 성분을 보면 앞서 설명한 홀수배의 배음 이외의 성분들이 포함됩니다. 그래서 그림 3-5와 같은 사각파를 사용하게 되면 원래의 사각파가 갖게 되는 홀수배의 배음만을 갖게 할 수가 있습니다. 그리고 이렇게 만들어진 사각파를 '앨리어스가 없는 사각파(Square, no alias)'라고 합니다.

3.2.2 사각파(Square Wave)의 특징은 어떠한가?

앞서 사인파에서 스펙트럼 분석기를 이용하여 배음 성분을 확인했던 것과 마찬가지로
이번에도 사각파의 배음 성분을 확인해보도록 하겠습니다. 더불어 앨리어스가 없는
사각파(Square, No Alias)에 대한 배음 성분도 함께 확인해보도록 하겠습니다.
이번에는 배음 성분의 계산을 편하게 하기 위하여 1,000Hz의 사각파를 만들고 파형
을 선택한 후, Analyze → Plot Spectrum을 실행해보겠습니다.

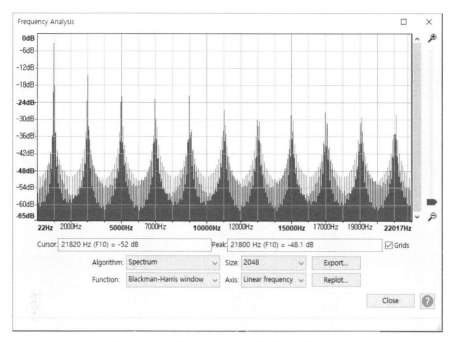

그림 3-6 사각파(Square Wave)에 대한 스펙트럼 분석

그림 3-6을 보면 1,000Hz, 3,000Hz, 5,000Hz, 7,000Hz, 9,000Hz, 11,000Hz, …
부근이 솟아올라 있는 것을 볼 수 있습니다. 얼핏 보면 1,000Hz의 홀수배의 배음
성분이 확인된 것처럼 보이기는 하지만 그 주변의 성분들도 상당히 많이 포함되어

있는 것으로 보입니다.

그렇다면 앨리어스가 없는 사각파(Square, No Alias)의 경우는 어떨까요? 이를 위해서 1,000Hz의 앨리어스가 없는 사각파를 생성하고 파형을 선택한 후 Analyze → Plot Spectrum을 실행해보겠습니다.

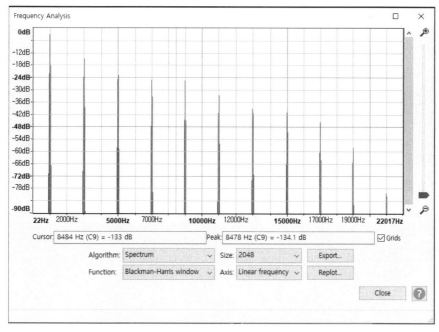

그림 3-7 앨리어스가 없는 사각파(Square, No Alias)에 대한 스펙트럼 분석

앨리어스가 없는 사각파의 경우는 우리가 상상한 것과 같이 홀수배의 배음 성분만을 가지고 있는 것을 확인할 수 있습니다.

여기서 재미있는 생각이 하나 머리를 스쳐 지나갑니다. 사인파는 오로지 기음만을 가지고 있고 사각파는 홀수배의 배음만을 가지고 있다면 사인파를 여러 개 더해서 사각파를 만들어볼 수도 있지 않을까요?

물론 가능합니다. 그리고 이와 같은 음성합성 방식을 가산합성(Additive Synthesis) 이라고 이야기합니다.

사각파의 경우 홀수배의 주파수 성분을 갖는 배음의 크기는 '1/홀수배'이 됩니다. 가령 1Hz의 사각파를 만들기 위한 주파수 성분을 표로 나타내면 다음과 같습니다.

	주파수(Hz)	크기(진폭)	Audacity에서의 진폭
기음	1	1	0.9
제1오버톤	3	1/3	0.3
제2오버톤	5	1/5	0.18
제3오버톤	7	1/7	0.129
…	…	…	…

위와 같은 값으로 4개의 트랙에 4개의 사인파를 만듭니다.

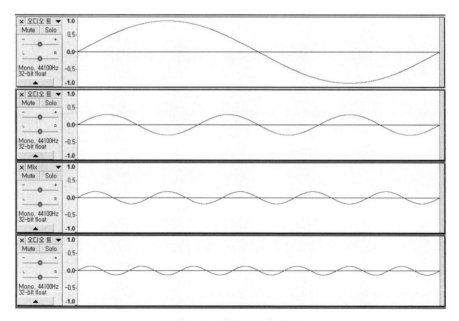

그림 3-8 4개의 사인파 생성

이제 Select → All을 선택하여 모든 트랙을 선택합니다.

모든 트랙이 선택되었다면 Tracks → Mix → Mix and Render to New Track을 실행합니다.

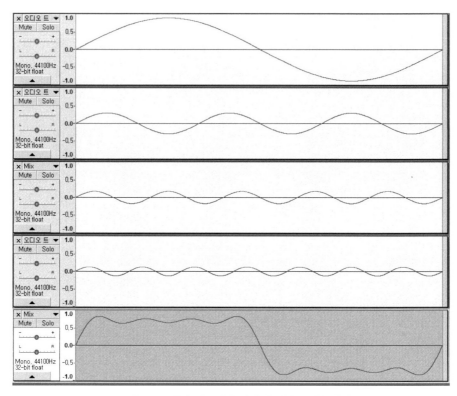

그림 3-9 4개의 사인파가 더해진 파형이 만들어짐

그림 3-9와 같이 트랙의 제일 아래에 4개의 트랙이 더해진 파형이 만들어집니다. 합성된 파형이 아직 사각파라고 하기에는 조금 아쉽기는 하지만 사각파와 가까워지고 있음을 느낄 수 있습니다. 실제 사각파처럼 느껴지게 하기 위해서는 적어도 수백 개의 사인파를 더해야 합니다.

3.3 톱니파(Sawtooth Wave)

톱니파는 그림 3-10처럼 생긴 파형입니다. 생긴 것이 꼭 톱니모양으로 생겼습니다. 소리를 들어보면 소리도 굉장히 날카롭다는 것을 느낄 수 있을 것입니다.

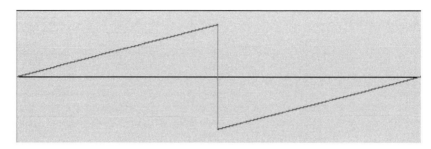

그림 3-10 톱니파(Sawtooth Wave)의 생김새

톱니파는 위의 그림과 같이 0점에서 + 방향의 끝까지 직선으로 올라갔다가 한순간에 - 방향의 끝까지 내려가서 0점까지 직선으로 올라가는 것이 한 주기입니다. 저와 같은 것을 한 번 진동했다고 이야기하고요. 만약 100Hz짜리 톱니파라면 1초에 백번 진동을 하는 거니까 저와 같은 파형이 1초에 100번 있을 것입니다.
톱니파의 가장 큰 특징은 정수배의 배음을 가지고 있다는 것입니다. 만약 100Hz짜리 사인파를 만들었다면 100Hz, 200Hz, 300Hz, 400Hz, 500Hz, 600Hz, 700Hz, 800Hz, …의 배음을 갖게 됩니다.

3.3.1 어떻게 만들까?

대부분의 사운드 관련 소프트웨어에는 손쉽게 톱니파를 만들어낼 수 있는 기능을 가지고 있으며 Audacity 역시 어렵지 않게 톱니파를 만들어낼 수 있습니다.

Audacity를 이용하여 톱니파를 만드는 방법은 다음과 같습니다.

Generate → Tone 메뉴를 선택합니다.

Tone 메뉴창에서 Waveform은 Sawtooth를 선택하고 만들고자 하는 주파수를 Frequency(Hz)에 입력하고 음량을 Amplitude(0-1)에 입력합니다. 음량은 0에서 1까지의 값으로 입력합니다. 0은 소리가 안 나는 것이고 1이 Audacity가 낼 수 있는 최대 음량입니다.
그리고 마지막으로 만들고자 하는 톱니파의 길이를 Duration에 입력하고 OK를 누르면 됩니다.

다양한 주파수의 톱니파를 만들어 소리를 들어보면서 톱니파에 대한 여러분만의 감각을 갖도록 해봅시다. 참고로 예전의 신디사이저에서는 톱니파를 이용하여 오보에 소리를 만들었다고 합니다.

소리를 재생할 때는 갑자기 귀를 피곤하게 하는 소리가 재생되면서 청력손상을 일으킬 수도 있으므로 컴퓨터의 음량을 최대한 줄여놓은 상태에서 재생을 시키고 천천히 컴퓨터의 음량을 키우기를 권합니다.

3.3.2 톱니파(Saw)의 특징은 어떠한가?

톱니파의 가장 큰 특징은 정수배의 배음을 가지고 있다는 것이라고 설명했었는데요. 앞서 사인파나 사각파에서 스펙트럼 분석기를 이용하여 배음 성분을 확인했던 것과 마찬가지로 이번에도 톱니파의 배음 성분을 확인해보도록 하겠습니다.
배음 성분의 계산을 편하게 하기 위하여 1,000Hz의 톱니파를 만들고 파형을 선택한 후, Analyze → Plot Spectrum을 실행해보겠습니다.

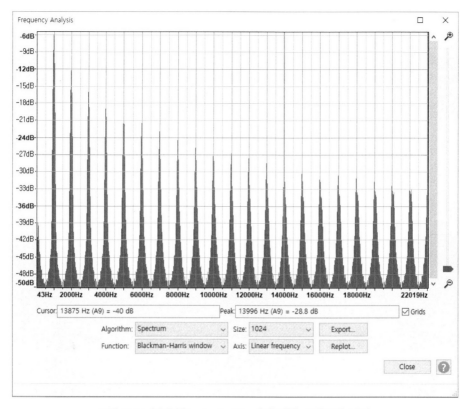

그림 3-11 톱니파(Sawtooth Wave)에 대한 스펙트럼 분석

그림 3-11을 자세히 보면 1,000Hz, 2,000Hz, 3,000Hz, 4,000Hz, …와 같이 1,000Hz에 대한 정수배의 모든 배음 성분을 가지고 있는 것을 확인할 수 있습니다.

그럼 사각파와 마찬가지로 이번에도 사인파를 더해서 톱니파를 만들어볼 수 있지 않을까요?
이번에는 다음의 표를 참고하여 톱니파를 가산합성(Additive Synthesis)해보시기 바랍니다.

	주파수(Hz)	크기(진폭)	Audacity에서의 진폭
기음	1	1	0.6
제1오버톤	2	1/2	0.3
제2오버톤	3	1/3	0.2
제3오버톤	4	1/4	0.15

위의 표와 같이 4개의 사인파를 더하면 다음 그림과 같은 파형이 만들어질 것입니다.

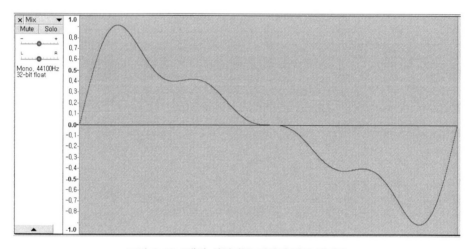

그림 3-12 4개의 사인파를 더하여 만든 결과물

3.4 삼각파(Triangle Wave)

삼각파는 그림 3-13처럼 생긴 파형입니다. 생긴 것이 꼭 삼각형 모양으로 생겼습니다. 소리를 들어보면 사인파보다는 힘이 있지만 사각파나 톱니파에 비하면 상당히 부드러운 소리를 내고 있습니다.

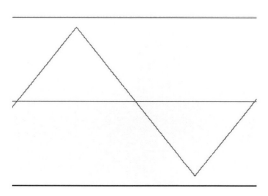

그림 3-13 삼각파(Triangle Wave)의 생김새

삼각파는 위의 그림과 같이 0점에서 + 방향의 끝까지 직선으로 올라갔다가 정점에서 − 방향의 끝까지 내려갔다가 다시 0점까지 직선으로 올라가는 것이 한 주기입니다. 저와 같은 것을 한 번 진동했다고 이야기하고요. 만약 100Hz의 삼각파라면 1초에 백 번 진동을 하는 거니까 저와 같은 파형이 1초에 100번 있을 것입니다.

삼각파의 가장 큰 특징은 홀수배의 배음을 가지고 있다는 것입니다. 이것은 사각파와도 같은 특징처럼 보이지만 사각파보다 배음의 성분들이 현저하게 줄어드는 특징이 있습니다.

3.4.1 어떻게 만들까?

대부분의 사운드 관련 소프트웨어에는 손쉽게 삼각파를 만들어낼 수 있는 기능을 가지고 있습니다. 하지만 아쉽게도 Audacity에는 삼각파를 만드는 기능이 기본적으로 들어 있지 않습니다. 그래서 Audacity에서 삼각파를 만들기 위해서는 약간의 기술이 필요한데요.

이제부터 Audacity를 이용하여 삼각파를 만드는 방법에 대해서 알아보도록 하겠습니다. 이 과정을 통하여 톱니파를 이용하여 삼각파를 만들어내는 기법에 대해서도 알 수 있으며 Audacity가 가지고 있는 확장성과 가능성에 대해서도 알 수 있을 깃입니다.

Step 1. 만들고자 하는 주파수의 톱니파를 만듭니다. 여기서는 듣기 위한 삼각파가 아니라 모양을 확인하기 위한 용도이므로 3Hz의 톱니파를 생성하도록 하겠습니다.

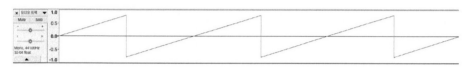

그림 3-14 3Hz의 톱니파 생성

Step 2. 트랙 전체를 선택하고 Effect → Nyquist Prompt를 실행합니다. 실행을 하면 다음 그림과 같은 창이 나타납니다.

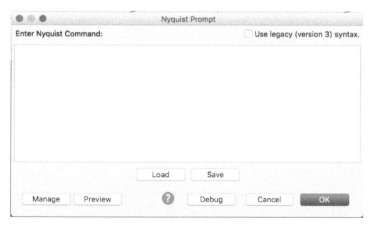

그림 3-15 Nyquist Prompt 실행창

Nyquist는 Audacity에서 사용하는 프로그래밍 언어로 사용자가 원하는 사운드 프로세스를 직접 프로그래밍할 수 있는 기능입니다.

Step 3. Nyquist Prompt 창에 다음 그림과 같이 입력을 하고 Use legacy(version 3) syntax를 체크합니다.
그리고 OK 버튼을 클릭합니다.

그림 3-16 명령 입력 및 옵션 체크

(snd-abs s)의 의미는 선택된 신호(s)에 대하여 절댓값(snd-abs)을 취하라는 명령입니다. 절댓값을 취하면 신호의 음수 부분이 반전되므로 톱니파는 그림 3-17과 같이 바뀌게 됩니다. 이미 삼각파는 만들어졌습니다만 DC 성분이 남아 있습니다.

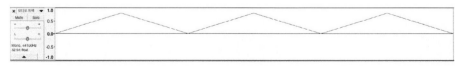

그림 3-17 (snd-abs s)를 실행한 뒤의 파형

Step 4. DC 성분을 제거하고 Normalize를 실행합니다.

그림 3-17을 보면 그 중심점이 상당히 위로 올라가 있다는 것을 알아챌 수 있습니다. 중심점이 위로 올라가 있다는 것은 그만큼의 DC 성분을 가지고 있다는 것입니다. 따라서 DC 성분을 제거하면 0.0을 중심으로 삼각파가 정리됩니다.

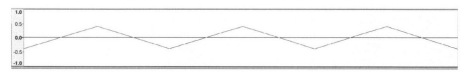

그림 3-18 DC 성분을 제거한 모습

그리고 Normalize까지 실행을 하면 다음 그림과 같이 충분한 음량의 삼각파가 만들어지게 됩니다.

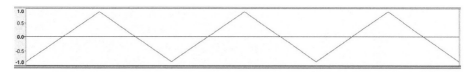

그림 3-19 Normalize를 마친 삼각파

다른 파형을 만들 때에 비해서 조금 복잡한 과정을 거치기는 했지만 이와 같은 과정을 거쳐서 Audacity에서도 삼각파를 만들 수 있습니다.

이제 220Hz의 삼각파를 만들어서 소리를 직접 확인해보시기 바랍니다.

3.4.2 삼각파(Triangle)의 특징은 어떠한가?

삼각파의 가장 큰 특징은 홀수배의 배음을 가지고 있다는 것이라고 설명했었는데요. 앞서 스펙트럼 분석기를 이용하여 배음 성분을 확인했던 것과 마찬가지로 이번에도 삼각파의 배음 성분을 확인해보도록 하겠습니다.

배음 성분의 계산을 편하게 하기 위하여 1,000Hz의 삼각파를 만들고 파형을 선택한 후, Analyze → Plot Spectrum을 실행해보겠습니다.

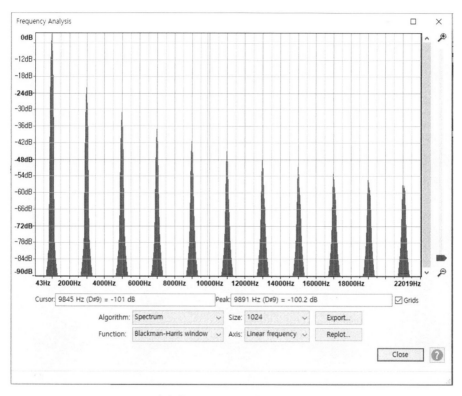

그림 3-20 삼각파(Triangle Wave)에 대한 스펙트럼 분석

그림을 보면 사각파와 마찬가지로 홀수배의 배음만을 가지고 있지만 사각파와 비교했을 때, 배음의 성분이 급격하게 작아지는 것을 확인할 수 있습니다.

이번 장에서는 주기적으로 반복되는 다양한 파형들에 대해서 알아보았습니다.

Chapter 04 소리의 재료 3 – 노이즈(Noise)

앞서 2장에서는 노이즈에 대하여 '소음, 잡음'이라는 사전적 의미를 가지고 있으며 기술적으로는 '전기적, 기계적인 이유로 시스템에서 발생하는 불필요한 신호'라고 설명하였습니다.

그렇기 때문에 녹음을 통하여 소리의 재료를 얻은 경우, 그 안에 우리가 원하지 않는 소리인 노이즈가 포함되어 있어 편집이라는 과정을 통하여 이 소리를 제거하는 과정이 필요하다고 이야기했었죠. 이쯤 되면 노이즈는 반드시 제거되어야 하는 악의 축과 같은 대상인 듯합니다.

하지만 사운드를 디자인할 때, 그리고 음향을 분석할 때, 노이즈는 굉장히 유용한 소리의 재료이자 분석의 도구가 되기도 합니다.

대표적으로 요즘 우리가 주변에서 흔히 듣게 되는 음악에 자주 등장하는 신디사이저 사운드 중 상당수는 노이즈를 소리의 재료로 이용하여 만들어진 음색들입니다. 또는 파도 소리나 바람 소리 등을 만들 때에도 노이즈는 아주 좋은 소리의 재료가 됩니다.

그렇습니다. 이번 장에서 다루게 될 노이즈는 '불필요한 신호, 원치 않는 소리'라는 의미의 노이즈가 아니라 주파수 전 영역에 걸쳐 일정한 비율로 모든 주파수를 포함하고 있는 사운드를 의미하고 있습니다.

그럼 이제부터 소리의 재료로써의 노이즈에 대하여 알아보도록 하겠습니다.

4.1 노이즈를 생성하는 방법

3장에서 다뤘던 각종 웨이브와 마찬가지로 대부분의 사운드 관련 소프트웨어에는 노이즈를 생성해주는 기능을 가지고 있으며 그 방법도 굉장히 쉽습니다.

우리가 다루고 있는 Audacity 역시 손쉽게 다양한 노이즈를 생성해낼 수 있는데요. Audacity에서 노이즈를 만드는 방법은 다음과 같습니다.

Step 1. Generate → Noise 메뉴를 선택합니다.

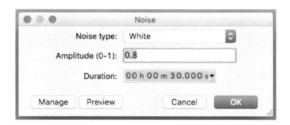

그림 4-1 Noise 메뉴창

Step 2. Noise 메뉴창에서 만들고자 하는 노이즈의 종류(White, Pink, Brownian)를 선택하고 음량(Amplitude)을 설정하고 소리의 길이(Duration)를 설정한 후 OK를 클릭합니다.

이렇게 간단하게 노이즈를 만들어낼 수 있습니다. 그럼 화이트 노이즈부터 만들어서 들어보고 그 특징을 살펴보도록 하겠습니다.

4.2 각 노이즈의 특성

Audacity에서 만들 수 있는 노이즈의 종류는 3가지로 화이트 노이즈(White Noise),
핑크 노이즈(Pink Noise), 브라운 노이즈(Brown Noise)가 있습니다. 그럼 이제부
터 이 3가지 노이즈의 특성에 대하여 알아보겠습니다.

4.2.1 화이트 노이즈(White Noise)

화이트 노이즈는 우리말로 '백색잡음'이라고 번역하기도 합니다. 혹시 빛의 3원색을
기억하시나요? 빛의 3원색은 빨간빛(Red), 초록빛(Green), 푸른빛(Blue)입니다.
혹시 이 3가지 빛이 모두 같은 세기로 한 곳에 비춰진다면 어떤 빛이 나오는지 아시나
요? 그렇습니다. 바로 하얀 빛입니다.

화이트 노이즈는 이와 같이 모든 주파수 성분이 같은 세기를 가지고 있는 소리입니다.
모든 주파수 성분의 크기가 같기 때문에 조금 거칠고 듣기에 피로감이 있는 노이즈이
지만 음향장비의 특성 분석을 하기에 아주 적합한 노이즈이며 다루기 쉬운 노이즈에
속합니다.

그럼 화이트 노이즈를 만들어서 소리를 들어보고 여러분만의 느낌과 생각을 이야기해
봅시다.

그리고 지난 장에서 다뤘던 Plot Spectrum 기능을 이용하여 화이트 노이즈의 주파
수 성분을 확인해보겠습니다.

그림 4-2를 보면 전 주파수 영역에 걸쳐 거의 같은 크기의 성분을 가지고 있는 것을
알 수 있습니다.

이와 같은 특징 때문에 음향기기, 특히 필터의 특성을 알고자 할 때 화이트 노이즈를
입력하여 만들어진 출력으로 그 필터의 특성 그래프를 얻을 수 있습니다.

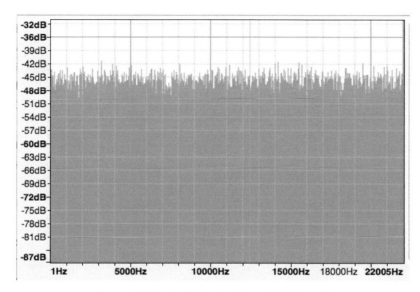

그림 4-2 화이트 노이즈(White Noise)의 주파수 성분

그리고 소리는 마치 고장 난 TV나 라디오에서 나오는 소리와 비슷한 '치~'와 같은 사운드이기에 신디사이저에서 톱니파와 같은 웨이브와 섞어서 풍성하고 힘이 있는 소리를 만들어내기도 합니다.

만약 소리를 확인하고 싶다면 앞서 만든 화이트 노이즈 아래 트랙에 원하는 음정의 톱니파를 만든 후 그림 4-3과 같이 화이트 노이즈의 음량을 조절하면서 신디사이저 가 만들어내는 신스리드(Synth Lead) 사운드를 흉내 내보시기 바랍니다.

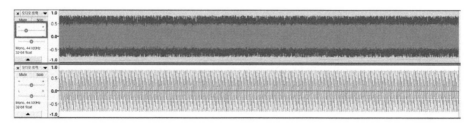

그림 4-3 화이트 노이즈와 톱니파를 섞어서 신스리드 사운드 만들기

화이트 노이즈의 음량을 너무 크게 하면 톱니파 소리가 선명하게 들리지 않게 될 텐데요. 이런 효과를 마스킹 효과(Masking)라고 하며 하나의 소리로 다른 소리를 가리는 효과입니다. 화이트 노이즈의 경우 전 영역의 주파수 성분이 같기 때문에 마스킹을 하기에 아주 효과적인 노이즈이기도 합니다.

반면 화이트 노이즈를 적절하게 조절하면 톱니파의 특성을 유지하지만 조금 더 부드러워지고 그러면서도 톱니파만으로 소리를 낼 때보다 풍성한 느낌의 소리가 만들어지게 됩니다.

4.2.2 핑크 노이즈(Pink Noise)

핑크 노이즈는 주파수가 올라갈수록 그 세기가 약해지는 특징을 갖고 있는 노이즈입니다. 정확하게는 주파수가 두 배 높아질 때 3dB씩 세기가 약해집니다. (주파수가 두 배가 되면 한 옥타브의 차이가 나게 됩니다.)

사람의 귀는 주파수가 높아질수록 그 소리를 상대적으로 크게 느끼기 때문에 핑크 노이즈는 화이트 노이즈에 비해 듣기에 좀 더 편하며 공연장에서의 음향특성을 파악할 때 자주 사용이 됩니다.

그럼 핑크 노이즈를 만들어서 소리를 들어보고 여러분만의 느낌과 생각을 이야기해봅시다.

그리고 이번에도 Plot Spectrum 기능을 이용하여 핑크 노이즈의 주파수 성분을 확인해보겠습니다.

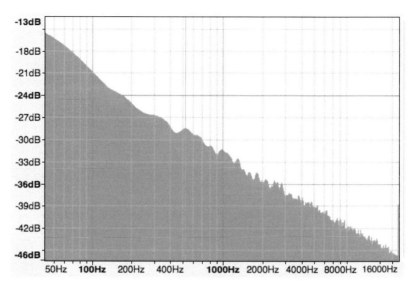

그림 4-4 핑크 노이즈(Pink Noise)의 주파수 성분

이번에는 핑크 노이즈의 특성을 좀 더 편하게 보기 위하여 Axis 옵션을 Log frequency 로 설정하였습니다. 상하의 그리드가 3dB(데시벨)씩 차이가 나는 것인데 그래프를 잘 살펴보면 주파수가 두 배가 될 때 3dB씩 줄어드는 것을 볼 수 있습니다.
핑크 노이즈와 화이트 노이즈를 비교하면서 들어보고 여러분만의 느낌과 생각을 이야 기해봅시다.
그리고 화이트 노이즈와 함께 핑크 노이즈 역시 신디사이저에서 소리를 합성할 때 톱니파나 사각파와 많이 섞어서 사용을 하는데요. 앞서 했던 실험과 같이 핑크 노이즈 와 톱니파를 적절하게 섞어서 신스리드(Synth Lead) 소리를 만들어보길 바랍니다.

4.2.3 브라운 노이즈(Brown Noise)

브라운 노이즈도 핑크 노이즈와 마찬가지로 주파수가 올라갈수록 그 세기가 약해지는 특징을 갖고 있는 노이즈인데요. 핑크 노이즈가 주파수가 두 배 높아질 때 3dB씩 세기가 약해지는 반면 브라운 노이즈는 주파수가 두 배 높아질 때 6dB씩 세기가 감소

하는 노이즈입니다.

그럼 이번에도 Plot Spectrum 기능을 이용하여 브라운 노이즈의 주파수 성분을 확인해보겠습니다.

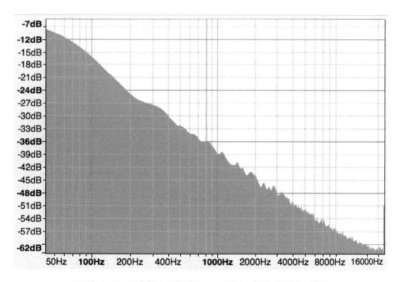

그림 4-5 브라운 노이즈(Brown Noise)의 주파수 성분

얼핏 보면 그림 4-4의 핑크 노이즈의 주파수 성분 그래프와 같아 보이지만 왼편의 값을 보면 그림 4-4는 −13dB∼−46dB까지인데 반해 그림 4-5 브라운 노이즈의 주파수 성분 그래프의 왼편 주파수 성분의 크기는 −7dB∼−62dB로 실제 기울기는 훨씬 가파르다는 것을 확인할 수 있습니다.

핑크 노이즈, 화이트 노이즈와 비교하면서 들어보고 여러분만의 느낌과 생각을 갖게 되길 바랍니다.

쉬어가는 페이지 2. 처프(Chirp) 사운드와 DTMF(Dual Tone Multi Frequency)

:: 처프(Chirp)

처프(Chirp) 또는 스윕(Sweep)이라고 하는 사운드가 있는데요. 이것은 일정 시간 동안 주파수를 연속적으로 변화시키는 것을 의미합니다.

몇몇 사이렌 소리의 경우, 연속적으로 음정이 올라가는 소리를 내는데요. 바로 처프의 형태라고 볼 수 있습니다.

처프의 경우는 소리를 디자인할 때 사용할 수 있는 좋은 소리의 재료가 되기도 하지만 소리를 분석할 때 사용할 수 있는 소리이기도 합니다. 어떤 공간의 음향특성을 파악하거나 음향장비의 특성을 알아내고자 할 때 스윕 사인(Sweep Sine)을 이용하면 공간의 음향특성이나 음향장비의 특성을 쉽게 알아낼 수 있습니다. 예를 들어 필터 계열의 음향장비에 스윕 사인을 입력했을 때 어떤 주파수 이상의 소리가 줄어들었다면 그 음향장비는 로우 패스 필터(Low Pass Filter)일 것입니다. 필터에 대한 이야기는 7장에서 다루게 될 것이니 여기서는 처프 사운드를 만드는 방법을 알아보고 실제 처프 사운드를 만들어서 들어보면서 어떻게 사용할지에 대한 고민을 해보는 시간을 갖도록 하겠습니다.

처프 사운드를 만드는 것은 아주 간단합니다.

Generate → Chirp를 선택하면 그림 R2-1과 같은 메뉴창이 나옵니다.

자세히 보니 Tone 메뉴창과 굉장히 닮아 있습니다.

Waveform을 선택하고 주파수[Frequency(Hz)]를 설정하고 음량[Amplitude(0-1)]을 선택하고 길이[Duration]를 선택하는 것은 같은데 다만 주파수와 음량은 시작값(Start)과 끝값(End)을 설정해주게 되어 있습니다. 다시 말해서 시작주파수는 얼마로 할지 끝나는 주파수는 얼마로 할지를 설정함으로써 연속적으로 변화되는 주파수를 갖는 파형을 만들어낼 수 있는 것입니다. 더 나아가 음량도 시작값과 끝값을 지정할 수 있어서 점점 커지거나 점점 작아지는 파형을 만들어낼 수도 있습니다.

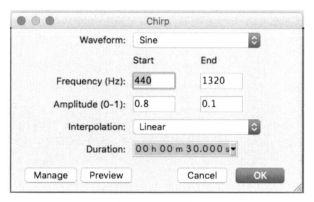

그림 R2-1 Chirp 메뉴창

그런데 Interpolation은 무엇일까요? 이것은 시작점부터 끝점까지를 똑같은 비율로 주파수가 올라갈지(Linear) 아니면 처음에는 천천히 올라가다가 끝점으로 갈수록 주파수가 더 빠르게 올라가게 할지(Logarithmic)를 설정하는 옵션입니다. 사람이 인지하는 방식이 대수적(Logarithmic)이기 때문에 선형(Linear)으로 설정을 하면 소리가 갑자기 높아졌다고 느끼게 될 것이고 대수적(Logarithmic)으로 설정을 하면 좀 더 자연스럽게 음정이 올라간다고 느끼게 될 것입니다. 다양한 처프 사운드를 만들어서 파형과 사운드를 확인해보면서 익숙해지기를 권합니다.

:: DTMF(Dual Tone Multi Frequency)

요즘은 스마트폰을 주로 사용하면서 DTMF 사운드를 들을 일이 많이 줄어들었는데요. 유선전화기에서 전화번호를 누를 때 나는 '삐삐삐' 하는 소리가 바로 DTMF에 의해서 만들어진 소리입니다.

DTMF는 두 개의 사인파를 더하여 만들어지는데요.

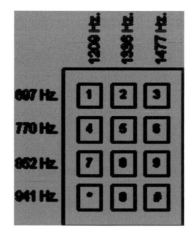

그림 R2-2 DTMF의 구조

그림 R2-2에서 보이는 것처럼 하나의 번호를 누르면 2개의 사인파가 더해져서 소리가 나게 됩니다. 예를 들어 0번을 눌렀다면 941Hz의 사인파와 1336Hz의 사인파가 더해진 소리를 내게 됩니다.

그래서 예전에는 사운드 디자인을 할 때 전화를 거는 소리를 만들려면 직접 전화기의 번호를 누르면서 그 소리를 녹음하거나 아니면 두 개의 사인파를 더해서 소리를 만들기도 했죠. 그런데 요즘에는 대부분의 사운드 관련 소프트웨어에서 DTMF 소리를 만들어주는 기능을 가지고 있습니다.

Audacity에서는 Generate → DTMF Tones 메뉴를 선택하면 다음과 같은 메뉴창이 나타납니다.

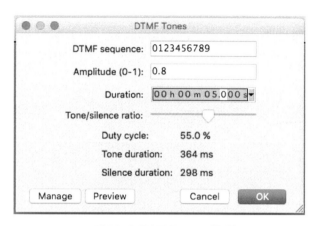

그림 R2-3 DTMF Tones 메뉴창

여기서 DTMF Sequence:에 만들고자 하는 번호를 입력하고 Amplitude에 음량, Duration에 전체 길이를 입력합니다. 그리고 번호를 누르고 있는 시간과 다음 번호를 누르기까지의 시간의 비율인 Tone/silence ratio를 설정한 후 OK를 클릭하면 아주 쉽게 원하는 DTMF 톤을 만들어낼 수 있습니다.
한번 여러분의 전화번호를 DTMF Tones 기능을 이용하여 만들어보시기 바랍니다.

참고로 여러분의 가정에 있는 유선전화기를 들고 방금 전 만든 소리를 재생하면 전화번호를 일일이 누르지 않아도 DTMF Sequence에 입력된 전화번호로 전화가 걸린답니다.

PART 02

소리의 요소 : 어떤 요소를

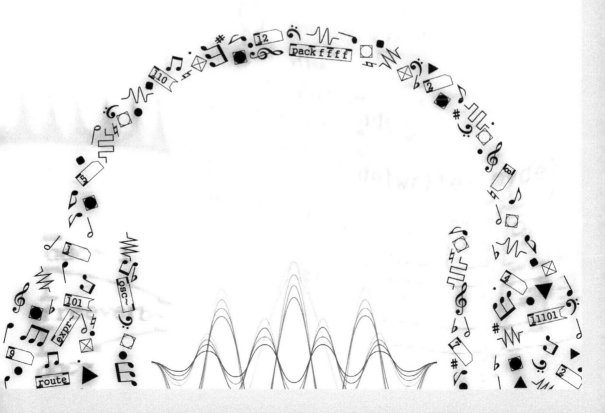

PART 1에서는 '사운드 디자인의 방법론' 중 '어떤 소리의'에 해당하는 소리의 재료에 대하여 알아보았습니다.

PART 2에서는 '어떤 요소를'에 해당하는 소리의 3요소에 대하여 알아보고 각각의 요소를 변화시킬 수 있는 방법에 대하여 알아보겠습니다.

그런데 소리의 3요소의 의미가 무엇일까요?

4장에서 화이트 노이즈를 설명하면서 잠깐 언급하였던 빛의 3원색(3요소)을 기억하시나요? 빨간빛(Red), 녹색빛(Green), 파란빛(Blue)이었습니다. 그리고 이 세 가지 빛을 적절히 조절하면 우리가 원하는 빛을 낼 수 있습니다.

그렇다면 음악의 3요소를 예를 들어볼까요? 음악의 3요소는 리듬, 선율, 화성입니다. 그럼 음악에 변형을 가하는 변주곡을 만든다고 할 때 우리가 사용할 수 있는 방법은 어떤 것들이 있을까요? 리듬을 변형시켜서 변주를 하는 경우가 있을 수 있고, 선율을 변형시켜서 변주를 할 수도 있습니다. 그리고 마지막으로 화성을 변화시킴으로써 변주곡을 만들거나 즉흥연주를 할 수 있습니다. (현대 음악에서는 여기에 음향이라고 하는 요소를 더 이야기하기도 합니다.)

이렇듯 무엇을 이루는 요소라 함은 그 무엇을 변화시키는 근본적인 요소들이라고 볼 수 있습니다.

우리가 앞으로 다루게 될 소리의 3요소는 바로 소리를 변형시키는 핵심적인 요소들이라고 할 수 있습니다.

소리의 3요소는 소리의 크기(음량), 소리의 높낮이(음고), 소리의 밝기(음색)를 이야기합니다.

소리의 3요소

| 소리의 크기 (음량) | 소리의 높낮이 (음고) | 소리의 밝기 (음색) |

Chapter 05 소리의 3요소 1 – 음량

음량은 소리의 크기를 의미하며 데시벨(dB)이라고 하는 단위를 사용합니다.
볼륨(Volume), 앰플리튜드(Ampliude), 라우드니스(Loudness)라는 표현을 쓰기도
하는데 물리적 의미의 음량을 이야기할 때는 앰플리튜드(Amplitude)라는 표현을 사
용하며 심리적 의미의 음량을 이야기할 때는 라우드니스(Loudness)라는 표현을 사
용합니다.
또한 앰플리튜드는 진폭이라고 표현하기도 하는데 진폭은 진동하는 폭이라는 의미로
0점을 중심으로 진동하는 변위를 의미합니다.

5.1 데시벨(dB)

많은 음향 관련 책이 초반에 소리의 3요소를 설명하면서 음량에 대하여 다루고 있습
니다.
그리고 그 단위로 데시벨(dB)이라는 것을 사용한다는 설명을 하면서 아무런 마음의
준비도 되어 있지 않은 우리들에게 로그(log)를 보여주고는 문득 고등학교 수학 시간
의 기억을 떠올리게 만들죠. 그렇게 충분히 즐거울 수 있었을 우리들의 소리 이야기는
로그와 함께 사라져가는 경우를 많이 보아 왔습니다.

저 역시 지금 음량의 단위인 데시벨에 대해서 다루고 있습니다만 굳이 로그(log) 수식
을 사용하지는 않으려 합니다. 다만 왜 데시벨(dB)이라는 단위를 사용하는지 그리고

데시벨이라는 단위가 어떤 의미가 있는지에 대하여 설명하고자 합니다.

다행히도 Audacity에서의 음량 표시는 이미 우리가 보아왔듯이 0~1, 그리고 0~-1 의 값을 사용하고 있습니다. 왠지 이제 로그에 대한 두려움 없이 소리를 공부할 수 있을 거 같은 느낌이 듭니다.

(물론 Audacity의 실시간 음량을 표시해주는 레벨 미터는 데시벨로 보여주고 있습니다.)

그럼 여기서 한 가지 실험을 해보도록 하겠습니다. 실험을 위해서 3초짜리 음량을 1까지 채운 화이트 노이즈를 만들어보겠습니다.

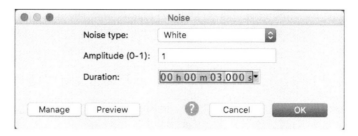

그림 5-1 3초짜리 화이트 노이즈 만들기

이제 화면에 트랙을 꽉 채운 화이트 노이즈가 만들어졌을 것입니다. PC의 출력 음량을 충분히 낮추고 화이트 노이즈를 재생시켜보겠습니다.

생각보다 꽤 큰 소리가 나올 것입니다. (제가 왜 PC의 음량을 충분히 작게 설정하라고 했는지 이해가 되시죠?) 혹시 소리가 너무 작다면 듣기에 적당한 음량으로 음량을 맞추시기 바랍니다.

이제 Effect → Amplify를 선택하고 음량을 -6dB(데시벨)로 수정해보겠습니다.

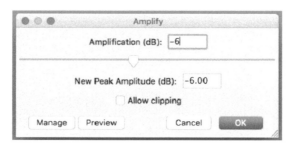

그림 5-2 Amplify 메뉴창

OK를 클릭하면 1로 꽉 채워져 있던 음량이 0.5로 크기가 바뀐 것을 확인할 수 있습니다. (음량이 반으로 바뀌었네요.)

음량이 반으로 줄어든 화이트 노이즈를 들어봅시다. 반으로 줄어든 트랙에서의 파형을 봐서 그런지 정말 음량이 반으로 줄어든 것 같기도 합니다. 그런데 Audacity 화면 오른쪽 상단에 위치한 레벨 미터는 어떤가요? (데시벨 단위로 표시가 되어 있으며 제일 큰 값이 0, 제일 작은 값이 −60으로 표시가 되어 있습니다.)

그림 5-3 Audacity의 레벨 미터

레벨 미터는 전체 중에서 1/10 정도만 줄어들었다고 나옵니다.

또 다시 Amplify를 이용하여 −6dB만큼 음량을 줄여보도록 하겠습니다.
파형으로 보이는 음량은 1/4로 줄어들었습니다. 또다시 재생을 해봅니다. 듣기에는 1/4 정도로 줄어들었다고도 생각할 수 있겠는데 레벨 미터는 전체 레벨의 1/5 정도만 줄어들었다고 나옵니다.

또 Amplify를 이용하여 −6dB을 줄여보겠습니다. 파형으로 보이는 음량은 1/8로 줄어들었습니다. 그런데 레벨 미터는 3/10 정도 줄어들었다고 보여주고 있습니다.

다시 한번 Amplify 기능을 이용하여 −6dB을 줄여보겠습니다. 파형으로 보이는 음량은 1/16로 줄어들어서 시력이 그리 좋지 않은 사람은 그 크기를 가늠할 수 없을 정도가 되었습니다. 그런데 레벨 미터는 아직도 반 이상의 음량을 보여줍니다.

그렇다면 귀로 듣는 소리의 크기는 어떤가요? 아직도 소리가 잘 들리고 있습니다.

이렇게 해서 −6dB씩 줄여가는 과정을 2~3번 더 해보면서 파형의 크기와 레벨 미터의 크기를 확인해보겠습니다. 3번 더 줄이면 파형으로 보이는 음량은 처음보다 1/128로 줄어들어 시력이 웬만큼 좋은 사람도 소리 성분이 있는지 확인하기가 쉽지 않을 것입니다. 그런데 재생을 해보면 레벨 미터는 −42dB로 보이고 아직도 귀에 그 소리가 들릴 것입니다. (좀 작기는 하지만요.)

어쩌면 이제 레벨 미터의 눈금이 오히려 수긍이 되기 시작합니다.
그렇습니다. 선형적(Linear)으로 보이는 트랙의 눈금으로 보면 파형이 작은 경우 시각적으로 납득이 잘 안되지만 로그로 보이는 레벨 미터는 작은 음량에서도 시각적으로, 즉 수에 대한 감각과 청각적 감각이 어느 정도 맞아 떨어지는 것을 느낄 수 있었을 것입니다. 그래서 음량에서는 데시벨이라고 하는 단위를 사용하는 것입니다. 보다 감각적으로 수용하기 적절한 단위인 것이죠.

그리고 여기서 계속 −6dB 단위로 조정을 하면서 소리를 들어본 데는 이유가 있는데요. 바로 물리적 음량이 절반이 되는 값이 −6dB이기에 여러분들이 그 값에 익숙해지기를 바라서였습니다.

음량에 대하여 한 가지 덧붙이자면 소리의 3요소 중 사람의 귀가 제일 쉽게 반응하는 요소가 바로 음량입니다. 그래서 음량을 조금 키우면 사람들은 그 소리가 좋아졌다고 느끼기도 한답니다.

5.2 음량을 조정하는 기본적인 방법 – 곱하기

음량을 조절하는 방법은 매우 간단합니다. 지난 4장에서 다뤘던 것처럼 트랙의 좌측에 있는 볼륨 슬라이더를 움직이거나 혹은 바로 전 실험에서 사용했던 Effect → Amplify 메뉴를 사용하는 방법도 있습니다. 그리고 대부분의 사운드 편집 소프트웨어에서는 이와 같은 방법들을 제공하고 있습니다.

그런데 볼륨 슬라이더를 움직이거나 Amplify 메뉴를 적용했을 때 어떻게 음량이 변하게 되는 것일까요? 방법은 간단합니다. 바로 곱하기를 하는 것입니다. 음량을 2배 크게 하고 싶다면(데시벨로는 6dB이 커지는 것이죠.) 원래의 사운드에 2를 곱하면 됩니다. 아래의 그림은 사인파를 시간 축에서 확대하여본 것입니다. 시간 축으로 확대해서 보면 디지털 신호의 경우는 아래 그림과 같이 샘플 단위의 정보를 볼 수 있습니다.

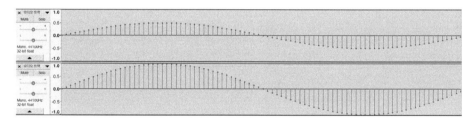

그림 5-4 사인파를 시간축으로 확대하여 샘플 단위로 본 그림

그림 5-4의 위쪽 트랙이 원래 사인파이고 아래쪽 트랙은 원래의 사인파를 두 배 한 사인파입니다.

그림을 자세히 보면 각 샘플의 높이가 각각 2배가 되어 있는 것을 알 수 있습니다. 이렇듯 음량을 조정할 때는 원래의 신호에 일정한 값을 곱하면 됩니다. 음량을 반으로 줄이고 싶으면 0.5를 곱하면 되고 음량을 2배 키우고 싶다면 2를 곱하면 됩니다.

그렇다면 실제로 곱하기를 했을 때 진폭이 변화되는지를 Audacity의 Nyquist Prompt를 이용하여 실험해보도록 하겠습니다.

우선 곱하기를 하기 위한 원래의 신호를 만들도록 하겠습니다.

1초짜리 0.2의 진폭을 갖는 1Hz의 사인파를 만들도록 하겠습니다.

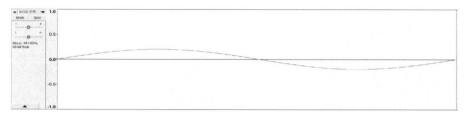

그림 5-5 실험을 위해 만들어진 사인파

이제 곱하기를 하려고 하는데요.

3장에서 삼각파를 만들기 위하여 파형의 절댓값을 취할 때 (snd-abs s)라는 명령을 사용했던 것을 기억하시나요? Nyquist Prompt에서 곱하기는 mult라는 명령어를 사용합니다.

따라서 만약 선택된 소리에 2를 곱하고 싶다고 한다면 (mult s 2)라고 입력을 하면 됩니다.

우리는 0.5의 진폭을 갖는 사인파를 만들기 위하여 2.5를 곱하도록 하겠습니다.

그림 5-6 Nyquist 명령 입력

이와 같이 입력하고 OK를 클릭하면 다음 그림과 같이 진폭이 2.5배 커져서 0.5의 진폭을 갖는 사인파가 만들어진 것을 확인할 수 있습니다.

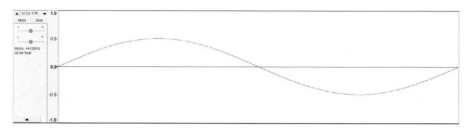

그림 5-7 진폭이 2.5배 커진 사인파

이와 같은 원리를 이해하고 있다면 나중에 조금 더 기술적인 사운드 도구들을 사용할 때 적용이 쉬워질 것입니다.

5.3 패닝(Panning)의 이해

스테레오 신호에서 좌우 소리 배치를 움직일 때 사용하는 용어로 밸런스(Balance)와 팬(Pan)이 있습니다. 그렇다면 팬과 밸런스는 어떤 차이가 있는 것일까요? 다음의 그림을 보시기 바랍니다.

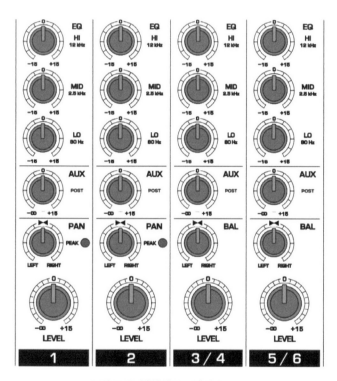

그림 5-8 믹서의 Pan과 Balance

그림 5-8은 믹서(Mixer)의 모습입니다. 자세히 보면 1번과 2번 채널 스트립(Channel Strip)은 PAN이라고 표시가 되어 있고 3/4, 5/6번 채널 스트립은 BAL이라고 쓰여 있는 것을 확인할 수 있습니다.

그렇습니다. 스테레오 입력에 대해서 소리를 좌우로 움직일 때는 밸런스(Balance)라고 하고 모노 입력에 대해서 소리를 좌우로 움직이는 것은 팬(Pan)이라고 합니다.

이 중에서 우리는 지금 팬(Pan)에 대한 이야기를 하고자 합니다. 그런데 왜 음량에 대한 주제를 다루면서 팬(Pan)에 대해서 다루려고 하는 것일까요?

그것은 팬(Pan)의 원래 이름을 알게 되면 바로 이해하게 될 것입니다.
팬(Pan)의 원래 이름은 파노라믹 포텐셜(Panoramic Potential)입니다. 번역하자면 펼쳐진 위치 에너지 정도가 될 것입니다. 파노라믹 포텐셜을 줄여서 팬팟(Pan Pot)이라고 부르다가 이제는 그 마저도 줄여서 팬(Pan)이라고 부르게 된 것입니다.

그렇다면 펼쳐진 위치 에너지의 의미가 무엇일까요?

우선 간단하게 모노 신호의 사인파를 하나 만들어봅시다. 저는 다음과 같이 110Hz, 진폭은 0.8, 길이는 15초가 되는 사인파를 만들었습니다.

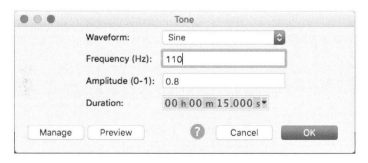

그림 5-9 실험을 위해 만든 사인파

이제 만들어진 파일의 트랙 좌측 볼륨 슬라이더 아래에 위치한 팬 슬라이더를 좌우로 움직이면서 소리를 확인해보시기 바랍니다.

그림 5-10 팬 슬라이더

소리가 좌우로 움직이는 것이 느껴지시나요?

그렇다면 과연 어떻게 소리의 위치를 좌우로 움직일 수 있는 것일까요?

스테레오(Stereo)라 함은 두 개의 스피커를 통해서 소리를 내는 것을 의미합니다.

그리고 전체 소리의 에너지가 100이라고 했을 때, 왼쪽 스피커에서 50, 오른쪽 스피커에서 50만큼의 에너지로 소리를 낸다면 소리가 중간에 있다고 느껴지게 됩니다. 만약 왼쪽 스피커에서 60, 오른쪽 스피커에서 40만큼의 소리를 낸다면 소리는 중간보다 약간 왼쪽으로 기울었다고 느끼게 될 것입니다. 점점 왼쪽 스피커의 소리가 커지고 그만큼 오른쪽 스피커의 소리가 작아진다면 소리는 점점 더 왼쪽으로 기울게 될 것이며 왼쪽 스피커에서 100, 오른쪽 스피커에서 0(오른쪽 스피커에서는 소리가 나지 않는 상황이죠.)의 소리가 난다면 소리가 완전히 왼쪽에서 난다고 느끼게 될 것입니다. 이렇듯 정해진 에너지를 좌우로 펼치는 것이 바로 파노라믹 포텐셜(Panoramic Potential, 펼쳐 놓은 위치 에너지)이 되는 것입니다.

결국 팬(Pan)을 이용한 소리의 좌우 움직임은 왼쪽 스피커와 오른쪽 스피커의 음량 차이를 이용해서 구현이 되게 되는 것입니다.

이렇게 해서 음량에 대해서 다뤄보았습니다.

Chapter 06 소리의 3요소 2 - 음고

소리의 3요소 중 두 번째 요소는 음의 높낮이입니다. 영어로는 일반적으로 피치 (Pitch)라는 용어를 사용하지만 우리말로는 음고, 음정 등 다양한 용어를 사용하고 있습니다. 다만 음정이라는 용어의 경우는 음악에서 음과 음 사이의 거리(장3도, 완도 5도와 같은 두음 사이의 관계, Interval)라는 의미를 가지고 있어서 음악과 사운드를 함께 공부하는 이들의 혼동을 피하기 위하여 이 책에서는 음고 또는 음의 높낮이라는 표현을 쓰도록 하겠습니다.

음의 높낮이는 기음(Fundamental Frequency)의 주파수에 기인하며 초당 진동수로 간단하게 설명하기도 합니다.

6.1 음의 높낮이와 관련된 단위들

음의 높낮이를 이야기할 때 가장 자주 사용되고 일반적으로 사용되는 단위는 헤르츠 (Hertz)이며 Hz라고 씁니다. 헤르츠는 일초 동안 진동하는 진동수를 나타내는 것으로 예를 들어 100Hz라고 하면 1초 동안 100번 진동하는 것을 의미합니다. 가끔 헤르츠(Hz)를 싸이클(Cycle)로 표현하는 경우도 있는데 이는 같은 의미로 받아들이면 됩니다. 다만 세계 표준 단위는 Hz를 사용하고 있다는 사실은 알고 있는 것이 좋겠네요.

앞서 이미 여러 번에 걸쳐 주파수와 관련된 언급을 했었고 여러 가지 파형을 만드는 실험을 통해 주파수라든가 헤르츠(Hz)에 대한 감은 어느 정도 잡았으리라 생각이 됩니다. 그리고 주파수가 2배가 될 때 한 옥타브만큼의 차이가 난다는 이야기도 했습니다.

예를 들어 낮은 라(A)에 해당하는 주파수는 110Hz인데요. 이보다 한 옥타브 위의 라(A)는 220Hz가 됩니다. 그럼 또 한 옥타브 위의 라(A)는 몇 헤르츠일까요? 몇몇 분들은 아마 330Hz라고 이야기를 하시는 분도 계실 것입니다. 하지만 220Hz보다 한 옥타브가 높은 음이기 때문에 330Hz가 아니라 220의 두 배인 440Hz가 됩니다. 그리고 또 한 옥타브 위의 음은 880Hz가 되죠.

그럼 한걸음 더 나아가 110Hz에 해당하는 라(A)보다 반음 높은 A#은 몇 Hz일까요? 현재 우리가 사용하고 있는 평균율에 따르면 $110 \times 2^{\frac{1}{12}}$ 이 됩니다. 간단하게 이야기 하자면 기준음의 주파수에 $2^{\frac{1}{12}}$, 즉 1.0594 정도를 곱하면 되는 것이죠. 그리고 110Hz보다 반음 두 개만큼 높은 B는 $110 \times 2^{\frac{2}{12}}$ 이 됩니다. 이를 일반화하면 다음과 같습니다.

$$\text{구하고자 하는 음의 주파수} = \text{기준 주파수} \times 2^{\frac{\text{반음갯수}}{12}}$$

이것은 지수함수의 형태를 갖기 때문에 계산을 하기도 만만치 않고 직관적으로 와닿지도 않습니다.

다음의 그림은 음악에서 사용하는 음들에 대한 주파수를 그래프로 표시한 것입니다.

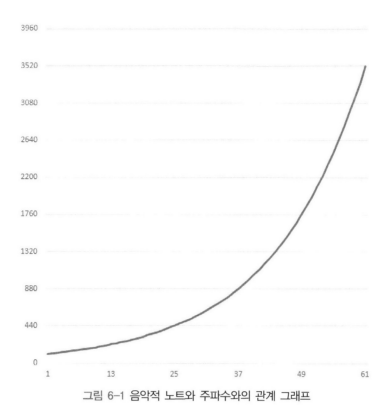

그림 6-1 음악적 노트와 주파수와의 관계 그래프

그래프 하단에 표시된 1, 13, 25, 37, 49, 61은 낮은 A음을 기준으로 몇 번째 노트인 가를 나타냅니다. 각 값의 차이가 12씩이라는 것은 한 옥타브씩 차이가 나고 있다는 것입니다.

그래프를 보면 1이 110Hz이고 그보다 한 옥타브 위의 A인 13은 220Hz, 그보다 한 옥타브 위의 A인 25는 440Hz, …인 것이 한눈에 보입니다. 그리고 그래프가 뭔가 만만치 않아 보인다는 것을 느낄 수 있습니다.

그래서 음악적 의미를 갖는 단위는 헤르츠(Hz)가 아니라 세미톤(Semitone)과 센트 (Cent)라는 단위를 사용합니다.

세미톤(Semitone)은 한 개의 반음만큼의 차이를 의미합니다. 따라서 한 옥타브는 12세미톤이 됩니다. 두 옥타브는 24세미톤이 되는 것이죠.

그리고 센트(Cent)는 1 Semitone을 100으로 나눈 값입니다. 다시 말해서 1 Semitone 은 100 Cent가 됩니다.

$$1 \ \text{Semitone} = 100 \ \text{Cent}$$
$$1 \ \text{Octave} = 12 \ \text{Semitone} = 1200 \ \text{Cent}$$

이 값은 음악적 의미를 갖는 사운드 편집도구에서는 굉장히 자주 사용되는 단위입니다.

6.2 음의 높낮이를 조정하는 방법

그럼 이제 음의 높낮이를 조정하는 방법에 대해서 다뤄보겠습니다. 이미 2장의 테이프 기법에서 테이프의 재생 속도를 조절하여 음의 높낮이를 변화시키는 방법에 대해서 다뤘었는데요.

테이프를 2배 빨리 돌리면 음고가 한 옥타브 올라가고 두 배 늦게 돌리면 (정확하게 이야기해서 1/2배로 돌리면) 한 옥타브가 낮아지게 되는 것입니다. 그렇다면 반음만큼 올리고 싶다면 테이프를 얼마나 빨리 재생하면 될까요? $2^{\frac{1}{12}}$ 배, 계산하면 1.0594 배 빨리 재생하면 됩니다.

이를 확인하기 위하여 여러분의 목소리를 녹음하고 Effect → Change Speed를 실행하여 다음과 같이 설정해보도록 하겠습니다.

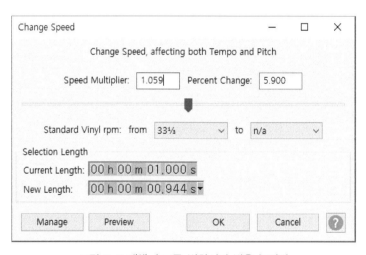

그림 6-2 재생 속도를 변화시켜 반음 높이기

반음 높은 음이 만들어진 것을 확인하셨나요?

그런데 이렇듯 재생 속도가 변하면 전체 사운드의 길이가 짧아지게 됩니다. 예를 들어두 배 빨리 재생을 하였다면(한 옥타브만큼 올린 경우) 사운드의 길이는 반으로 줄어들게 되는 것이죠.

하지만 현대에 와서는 관련 기술들의 발전으로 사운드의 길이는 유지한 채 음의 높이만 조정할 수 있는 다양한 기술이 등장하였고 대부분의 사운드 편집 소프트웨어에서는 이와 같은 기술을 사용하고 있습니다. 물론 Audacity도 이와 같은 기능이 있습니다.

이를 위해서 다시 여러분의 목소리를 녹음하고 이번에는 Effect → Change Pitch 기능을 실행해보겠습니다.

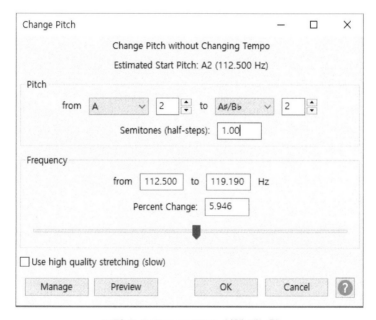

그림 6-3 Change Pitch 실행 메뉴창

Change Pitch 기능을 실행하면 그림 6-3과 같은 창이 나타나는데 설명을 보면 '템포의 변화가 없는 음고의 조절(Change Pitch without Changing Tempo)'라고 나와 있습니다. 그리고 그 아래에는 현재 선택된 사운드의 예상 음고(Estimated Start Pitch)가 표시됩니다.

그리고 Pitch 옵션의 Semitones(Half-steps)를 조정하여 원하는 음의 높이를 설정할 수 있습니다.
1.00이 갖는 의미는 1 Semitone 0 Cent를 의미하는 것으로 반음 높은 음을 만들어 내겠다는 의미입니다.
대개 속도를 유지한 채 음의 높이를 조절하는 기술의 경우, 많은 연산을 필요로 하기 때문에 결과물을 만들어내는 시간이 걸리게 되는데 결과를 만들어내는 시간이 걸리더라도 더 좋은 음질을 얻기 원한다면 'Use high quality stretching(slow)'의 체크박스를 선택하면 됩니다. 만약 음질에 상관없이 조금 더 빠르게 결과물을 얻고 싶다면 이 체크박스를 해제한 후 OK를 클릭하시면 됩니다.

음의 높낮이를 조절하는 기법과 상관은 없지만 위의 기술과 유사한 기술을 적용한 것으로 Change Tempo라는 기능이 있는데요. 이 기능은 음의 높이는 그대로 유지한 상태에서 사운드의 길이(다시 말해서 템포가 변하게 됩니다.)만 조정하는 기능입니다. 이 기능은 여러분이 어떤 음악을 들으며 카피하거나 할 때 유용하게 쓰일 수 있습니다. 음의 높이는 유지한 상태에서 곡을 2배 늦게 들을 수도 있을 테니까요.

실험을 위해서 여러분이 좋아하는 음악을 하나 불러오도록 합니다.
그리고 나서 Effect → Change Tempo를 실행합니다.

Change Tempo 기능을 실행하면 그림 6-4와 같은 창이 나타나는데 설명을 보면 '음높이의 변화가 없는 템포의 조절(Change Tempo without Changing Pitch)'이라고 나와 있습니다.

그림 6-4 Change Tempo 메뉴창

여기서 템포를 조절할 수 있는 방법은 3가지가 있습니다.

① 퍼센트로 조정하기

　100퍼센트면 2배 빠르게 템포가 바뀌고 50퍼센트면 1.5배 빠르게 템포가 변합니다.

② BPM(Beats Per Minute)으로 조정하기

　BPM 값으로 조정을 할 수 있는데 꼭 BPM에 대한 정보를 가지고 있지 않더라도 from 값을 100으로 놓고 100을 기준으로 두 배 빠르게 하고 싶다면 to 값을 200, 두 배 느리게 하고 싶다면 to 값을 50으로 설정하여 템포를 변화시킬 수 있습니다.

③ Length(seconds)로 조정하기

　Change Tempo를 실행하면 선택한 사운드의 길이를 Length(seconds)의 from 에 표시하여 줍니다. 이 길이를 내가 원하는 길이로 to 값을 설정하여 사운드의 길이를 조절할 수 있습니다.

만약 3분짜리 영상에 사용하기 위한 음악 파일을 구했는데 3분 10초 정도의 길이를 가지고 있다면 이 기능을 이용하여 간단하게 내가 원하는 길이의 사운드를 만들 수 있을 것입니다.

(이 경우 from은 190이 될 것이고 to는 180으로 설정을 하면 됩니다.)

Change Tempo도 Change Pitch와 같은 기술을 사용하기 때문에 Change Pitch 기능과 마찬가지로 많은 연산을 필요로 합니다. 따라서 결과물을 만들어내는 시간이 많이 소요되는데 결과를 만들어내는 시간이 걸리더라도 더 좋은 음질을 얻기 원한다면 'Use high quality stretching(slow)'의 체크박스를 선택하면 됩니다. 만약 음질에 상관없이 조금 더 빠르게 결과물을 얻고 싶다면 이 체크박스를 해제한 후 OK를 클릭하시면 됩니다.

이로써 음의 높낮이를 조정하는 방법에 대해서 공부하고 실험을 해보았습니다.

6.3 팀버 시프트(Timbre Shift)기법

팀버 시프트(Timbre Shift)는 사운드 디자인이나 사운드 프로그래밍에서 즐겨 사용되는 기법 중의 하나입니다. 우리말로는 음색 이동이라고 번역이 될 텐데요. 간단히 설명하자면 우리가 원하는 음의 높이보다 낮은 소리를 녹음한 후 음의 높이를 인위적으로 올려서 원하는 음의 높이를 만들어내면 소리에 약간의 긴장감과 밝은 느낌을 만들어낼 수 있습니다. 이와 같은 기법을 팀버 시프트라고 합니다. 반대로 우리가 원하는 음의 높이보다 높은 소리를 녹음한 후 음의 높이를 인위적으로 낮춰서 원하는 음의 높이를 만들어내면 소리가 약간 느슨해지고 어두운 느낌의 소리가 만들어지게 됩니다.

그리고 음의 높이를 많이 올리게 되면 쥐가 찍찍거리는 듯한 약간 우스꽝스러운 사운드가 만들어지는데 이와 같은 효과를 미키 마우스(Micky Mouse)의 사운드 같다는 의미로 미키 이펙트라고도 합니다.

6.4 맥놀이(Beating)에 대하여

만약 100Hz의 사인파와 102Hz의 사인파가 동시에 울린다면 우리는 어떤 소리를 듣게 될까요?

직관적으로 예측했을 때 100Hz와 102Hz의 중간인 101Hz의 사인파가 만들어지지 않을까?라고 예측을 하는 사람도 있고 공학이나 수학을 어느 정도 하는 사람이라면 다음과 같은 수식을 유도해낼 것입니다.

$$\sin A + \sin B = 2\, \sin\frac{A+B}{2}\cos\frac{A-B}{2}$$

그리고는 A는 100, B는 102니까 두 주파수를 더한 값의 반인 101Hz의 사인파가 만들어지고 두 주파수를 뺀 값의 반인 1Hz의 코사인파가 곱해지면 결과적으로 1초에 두 번 진동하는 101Hz의 사인파가 만들어질 것이라고 예측을 할 수도 있겠네요.

심지어 데시벨(dB)을 설명할 때조차도 수학 없이 설명을 했었는데 이게 갑자기 웬일인가? 싶은 생각이 들기도 합니다. 그런데 이것은 그냥 수학적으로 저런 의미가 있다는 것을 보여주기 위해서 적어놓은 것일 뿐이랍니다.

이와 같이 복잡한 현상을 맥놀이(Beating)라고 하는데요.
근접한 주파수를 갖는 두 개의 소리가 동시에 울릴 경우, 두 주파수의 평균 주파수를 갖는 소리가 만들어지며 두 주파수의 차이만큼 커졌다 작아지기를 반복하는 음향 현상을 말합니다. 물론 맥놀이 현상은 앞서 설명한 것과 같이 수학적으로 그리 어렵지 않게 증명을 할 수 있고요.

그럼 실험을 통해서 실제로 이런 현상이 일어나는지 확인해보도록 하겠습니다.

우선은 1초짜리, 음량은 0.4인 100Hz의 사인파와 1초짜리, 음량은 0.4인 102Hz의 사인파를 만들어보겠습니다.

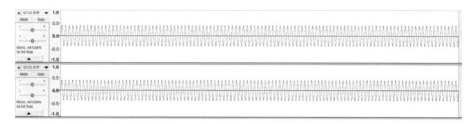

그림 6-5 100Hz와 102Hz의 사인파 생성

이제 두 트랙 전체를 선택합니다. Select → All 메뉴를 선택하거나 Control + A(맥에서는 CMD + A) 단축키를 이용할 수도 있습니다.

전체 선택을 했다면 Tracks → Mix → Mix and Render to New track을 실행합니다. 그림 6-6과 같이 1초에 두 번 소리가 작아졌다 커지는 101Hz의 사인파가 만들어진 것을 확인할 수 있습니다.

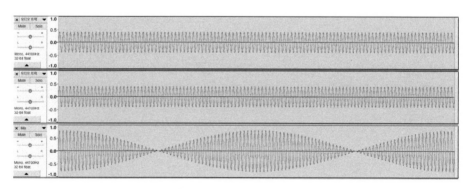

그림 6-6 100Hz와 102Hz의 사인파를 더한 모습(맥놀이 현상)

주변에서 맥놀이를 이용하는 대표적인 상황은 기타를 튜닝할 때인데요.

하모닉스 주법을 이용하여 두 현에서 같은 음을 내게 되면 미세하게 튠이 어긋나 있을 경우 맥놀이 현상에 따라서 소리가 커졌다 작아지기를 반복하게 됩니다. 이때 한쪽 현의 줄감개를 이용하여 맥놀이가 없어지게끔 조율을 하는 것이죠.

또한 옛날의 신디사이저에서는 소리에 바이브레이션을 만들어내는 방법으로 두 개 파형의 미세 튜닝(Fine Tune이라고 합니다.)을 조절하여 소리가 커졌다 작아지기를 반복하며 울림이 생기게 하는 방식을 사용하기도 했습니다.

여기까지 소리의 높낮이에 대한 공부를 하였습니다.

Chapter 07 소리의 3요소 3 – 음색

지난 '3장 소리의 재료2. Generated Wave'에서 사인파, 사각파, 톱니파, 삼각파들을 다뤘을 때 모두 다 같은 음량과 같은 음고를 가졌지만 서로 다른 소리가 나는 것을 확인했습니다. 사인파는 둥글고 투명한 소리가 났고 톱니파는 날카롭고 찌르는 듯한 소리가 났었죠.

그렇다면 무엇이 이런 차이를 만드는 것일까요? 물론 웨이브의 생김새에 따라서 소리의 차이가 난다고 이야기할 수도 있고, 생김새가 부드러우면 부드러운 소리를, 생김새가 날카로우면 날카로운 소리를 낸다고 이야기할 수도 있겠지만 이렇게 해서는 너무 추상적이고 소리에 대하여 구체적인 설명이 어려워집니다.

그래서 3장에서는 각 웨이브별로 배음 성분이 어떻게 차이가 나는지에 대하여 설명을 했었고 배음 성분에 따라서 그 웨이브의 특징적인 소리를 만들어낸다고 이야기하였습니다. 그렇습니다. 바로 이런 배음 성분 또는 그 사운드가 가지고 있는 주파수 성분들이 그 소리의 특징을 나타내게 되며 우리는 이것을 음색이라고 부릅니다.

이번 장에서는 음색을 분석하는 방법과 음색을 조정하는 방법에 대하여 공부하도록 하겠습니다.

7.1 음색을 시각적으로 볼 수 있는 방법
스펙트럼(Spectrum)과 스펙트로그램(Spectrogram)

음색을 시각적으로, 즉 음색의 주파수 성분을 볼 수 있는 방법은 크게 스펙트럼

(Spectrum)과 스펙트로그램(Spectrogram)이 있습니다.

7.1.1 스펙트럼(Spectrum)

스펙트럼은 가로축이 주파수를 세로축이 주파수의 강도를 표시하는 그래프입니다.
사운드의 특정 영역을 선택하면 스펙트럼에서는 선택된 영역에 대한 주파수의 분포와
각 주파수 성분의 강도를 보여주게 됩니다.

그럼 스펙트럼의 이해를 위해서 한 가지 실험을 해보도록 하겠습니다.

실험을 위하여 1Hz부터 20,000Hz까지 순차적으로 올라가는 30초짜리 처프(Chirp)
사운드를 만들어보겠습니다. (처프에 대해서는 쉬어가는 페이지 2에서 다뤘습니다.)

Generate → Chirp를 실행한 후 다음과 같이 설정을 합니다.

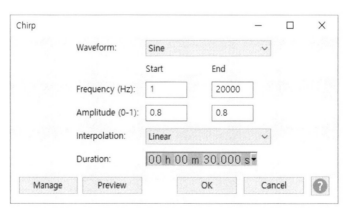

그림 7-1 실험을 위한 처프 사운드 만들기

OK를 클릭하여 처프 사운드가 생성되었다면 생성된 트랙을 선택하고 Analyze →
Plot Spectrum을 실행합니다.

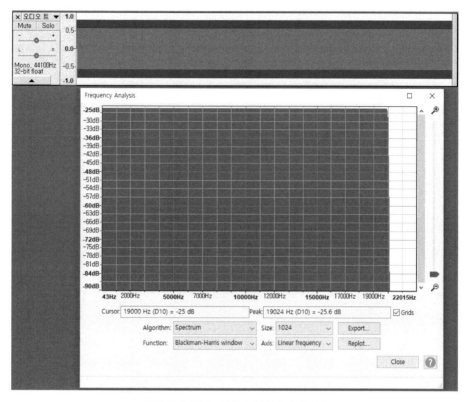

그림 7-2 처프 사운드에 대한 스펙트럼

앞서 처프 사운드를 만들 때 30초 동안 1~20,000Hz까지 상승하는 사인파를 설정하였기에 사운드 전체를 선택했을 때 1~20,000Hz의 주파수 성분이 모두 표시되는 것은 그리 이상하지 않습니다.

그렇다면 사운드의 앞부분 일부를 선택한 후 Plot Spectrum 창의 Replot 버튼을 클릭해봅시다.

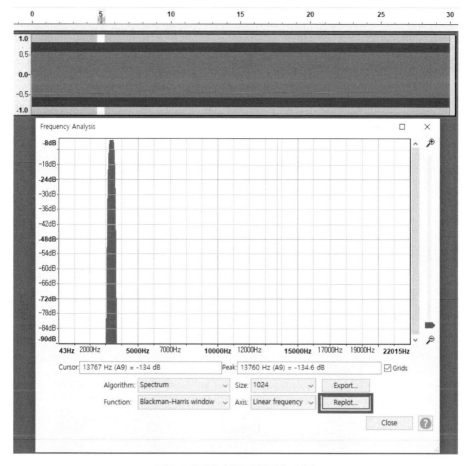

그림 7-3 5초 부분의 주파수 성분

저는 그림 7-3과 같이 5초 부근을 선택한 후 Replot을 실행하였습니다. 그리고 나니 3,000Hz 대역의 주파수 성분만 나타납니다. 그럼 다른 여러 지점을 선택하면서 Replot을 이용하여 주파수 성분을 확인해봅시다.

확인해보면 사운드의 앞부분을 선택하면 비교적 낮은 주파수 성분이 표시되고 사운드의 뒤로 갈수록 점점 주파수 성분이 높아지는 것을 알 수 있습니다.

이것은 처프 사운드의 기본적인 특징입니다. 시간이 지나면서 주파수가 점점 높아지는 사인파를 만든 것이니까요.

대개의 사운드 편집 소프트웨어에서는 실시간 스펙트럼을 보여주는 기능이 있습니다.
지금 우리가 한 것처럼 사운드의 한 지점을 선택하고 스펙트럼을 다시 그리고 하는
것이 아니라 사운드를 재생하면 현재 재생되는 지점의 주파수 성분을 보여주는 기능
을 가지고 있죠. 하지만 Audacity에는 실시간 스펙트럼을 보여주는 기능이 없어서
분석하고자 하는 지점을 선택한 후 스펙트럼을 그려야 합니다.

그런데 설령 실시간으로 스펙트럼을 보여준다고 하더라도 시간의 흐름에 따라 주파수
성분이 계속 변하게 되면 스펙트럼을 분석하는 것이 그리 쉽지는 않습니다. 음악을
시간의 예술이라고 부르는 이유는 시간의 흐름에 따라서 계속 변화하는 음악의 특성
때문일 것입니다. 그렇기 때문에 시간에 대한 정보를 함께 포함하고 있지 않다면 그
정보를 분석하고 해석하는 일은 상당히 어려운 일인 것이죠.
예를 들어 하나의 음악을 불러왔을 때 보이는 다음의 그림을 봤을 때 음악을 듣지
않아도 음악이 조용히 시작해서 점점 고조되고 엄청나게 큰 음량을 가졌다가 음악의
끝 부분은 음량이 줄어들면서 끝이 난다는 것을 예측할 수 있을 것입니다.

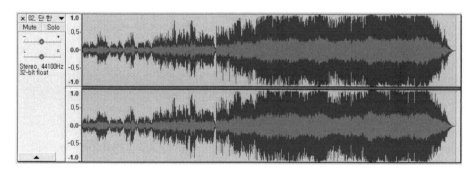

그림 7-4 음악의 음량변화를 확인

이런 예측이 가능한 이유는 그림 7-4가 가로축이 시간을 나타내고 세로축이 음량을

표시하고 있기 때문입니다. 다시 말해서 시간의 정보가 함께 표시되어야 분석과 해석이 용이해지게 되는 것입니다.

스펙트럼은 어느 한 시점에서의 주파수 성분을 비교적 정교하게 볼 수 있지만 시간의 흐름에 따른 주파수의 변화를 한눈에 보기에는 그리 적합한 방법은 아닙니다.

7.1.2 스펙트로그램(Spectrogram)

앞서 스펙트럼이 어느 한 시점에서의 주파수 성분을 비교적 정교하게 볼 수 있지만 시간의 흐름에 따른 주파수의 변화를 한눈에 보기에는 그리 적합한 방법은 아니라고 했는데요.
반면에 어느 한 시점에서의 주파수 성분을 정교하게 보기는 불편하지만 시간의 흐름에 따른 주파수의 변화를 한눈에 보여주는 방법이 있는데 그것이 바로 스펙트로그램(Spectrogram)입니다.

'백문이 불여일견'이라고 앞서 만들어놓은 처프 사운드에 대한 스펙트로그램을 확인해보도록 하겠습니다.
앞서 만든 처프 사운드 트랙의 왼쪽 상단 트랙 이름 바로 옆에 있는 역삼각형(▼)을 클릭합니다. 그러면 다음 그림과 같이 새로운 메뉴가 나타나는데요. 여기서 Spectrogram을 선택합니다.

그림 7-5 Spectrogram 선택

스펙트로그램을 선택하면 트랙은 다음과 같이 변하게 됩니다.

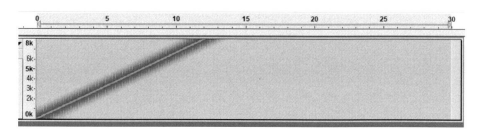

그림 7-6 스펙트로그램으로 표현된 트랙

스펙트로그램은 시간의 흐름에 따라서 변화하는 주파수 성분을 보여주는 그래프인데요. 주파수 성분이 강할수록 밝은 빛으로 표시가 됩니다. 그림 7-6을 보면 0초부터

약 12초 정도의 시간이 흘러갈 때 0Hz부터 8KHz(8,000Hz)까지의 주파수 성분의 변화를 볼 수 있습니다. 배음이 전혀 없는 사인파이기에 하나의 줄로 표시가 됩니다. 그런데 우리는 20,000Hz(20KHz)까지의 처프를 만들었는데 여기서는 8,000Hz(8KHz)까지밖에 표시가 되지 않아서 아쉬움이 있습니다.

그럼 스펙트로그램의 표시 영역을 확장해보도록 하겠습니다. 그림 7-5에서 했던 것처럼 트랙 이름 옆의 역삼각형(▼)을 클릭하고 이번에는 Spectrogram Settings 메뉴를 선택하도록 합니다. 그러면 다음과 같은 설정창이 나타납니다.

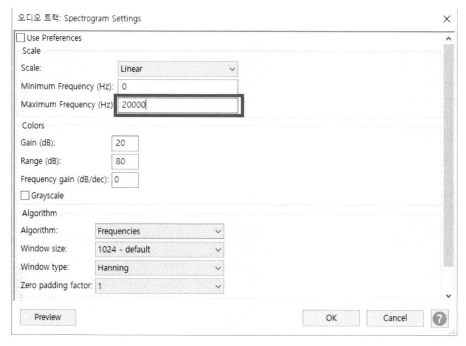

그림 7-7 스펙트로그램 설정창

설정창에서 Maximum Frequency(Hz)를 20000으로 설정합니다. 그리고 OK를 클릭하면 다음과 같이 0~20,000Hz까지 주파수 성분이 변화하는 것을 확인할 수 있습니다.

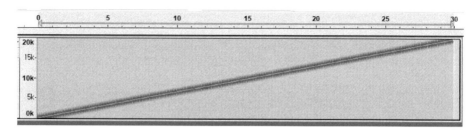

그림 7-8 새로운 설정이 적용된 스펙트로그램

그렇다면 사각파에 대해서는 어떤 스펙트로그램이 그려지는지 확인해보도록 하겠습니다. 이번에는 배음 성분을 보기 위해서 다음 그림과 같이 1~1000Hz까지 상승하는 사각파로 구성된 처프를 만들도록 합니다.

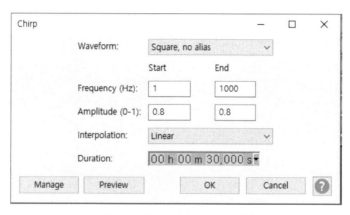

그림 7-9 사각파 처프 사운드 생성

만들어진 처프 사운드의 스펙트로그램을 확인하면 홀수배의 배음들이 나타나고 있고 위로 올라갈수록 그 밝기가 점점 약해지는 것을 확인할 수 있습니다.

그림 7-10 사각파 처프 사운드의 스펙트로그램

그림 7-10의 마지막 부분을 보면 1, 3, 5, 7, 9, 11, 13, 15, 17, 19KHz의 주파수 성분을 갖고 있는 것을 확인할 수 있으며 위로 올라갈수록 그 색이 옅어지는 것도 볼 수 있습니다.

이와 같이 스펙트럼과 스펙트로그램을 적절히 활용하면 분석하고자 하는 사운드에 포함되어 있는 주파수 성분을 거시적으로(스펙트로그램을 이용) 그리고 미시적으로 (스펙트럼을 이용) 확인할 수 있습니다.

스펙트럼과 스펙트로그램에 익숙해지기 위하여 여러분이 가지고 있는 다양한 사운드 파일이나 또는 다양한 소리를 녹음하여 스펙트럼과 스펙트로그램을 확인해보기 바랍니다.

7.2 음색을 조정하는 방법 필터(Filter)

음색을 결정하는 것이 그 사운드가 가지고 있는 주파수의 성분들이라는 것을 확인하였습니다.

그렇다면 음색을 조절하기 위해서는 주파수 성분을 조정하면 된다는 것을 알 수 있습니다. 주파수 성분을 조정하는 것이 바로 필터(Filter)입니다. 이제부터 필터(Filter)에 대해서 알아보고자 합니다. 필터는 크게 패스 필터(Pass Filter)와 셸빙 필터(Shelving Filter)로 구분을 하며 이 두 가지의 기술을 적절하게 조합하여 다양한 필터를 구현해낼 수도 있습니다.

7.2.1 패스 필터(Pass Filter)

패스 필터의 기본적인 개념은 기준 주파수를 중심으로 그보다 높은 주파수, 기준 주파수보다 낮은 주파수 또는 기준 주파수 주변의 주파수만을 통과시키는 것입니다.

:: 패스 필터의 종류와 특징

패스 필터의 종류는 하이 패스 필터(High Pass Filter), 로우 패스 필터(Low Pass Filter), 밴드 패스 필터(Band Pass Filter), 밴드 리젝트 필터(Band Reject Filter)가 있으며 그 특징은 다음과 같습니다.

1. 하이 패스 필터(High Pass Filter)

기준 주파수를 중심으로 그보다 높은 주파수만을 통과시키는 것입니다. 높은 주파수 성분만을 통과시키기 때문에 소리는 얇아지고 밝아지게 됩니다.

여기서 기준 주파수는 Fc라고 쓰며 차단 주파수(컷 오프 프리퀀시, Cutoff Frequency)라고 부릅니다.

그리고 얼마나 무디게 혹은 날카롭게 통과를 시킬 것이냐를 결정하는 것을 기울기 (Roll off 또는 Slope)라고 하며 6dB/Octave (주파수가 두 배가 될 때마다 6dB씩 줄어든다는 의미입니다.) 12dB/Octave, 24dB/Octave와 같은 단위를 사용합니다. 6dB/Octave를 1Pole Filter, 12dB/Octave를 2Pole Filter, 24dB/Octave를 4Pole Filter라고 부르기도 합니다.

마지막으로 레조넌스(Resonance)는 컷 오프 주파수를 강조해주는 것을 의미합니다. 그 값은 dB 단위로 강조를 할 수 있으며 레조넌스를 사용할 경우 컷 오프 주파수가 강조되면서 필터의 효과가 더 극적으로 나타나게 됩니다.

하이 패스 필터의 특징을 그래프로 나타내면 다음과 같습니다.

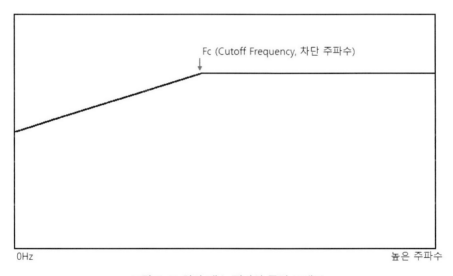

Fc (Cutoff Frequency, 차단 주파수)

0Hz

높은 주파수

그림 7-11 하이 패스 필터의 특징 그래프

그렇다면 실험을 통해서 하이 패스 필터의 특징을 경험해보도록 하겠습니다.

Step 1. 여러분이 좋아하는 음악을 하나 불러오도록 합시다.

Step 2. Effect → High Pass Filter를 실행합니다.

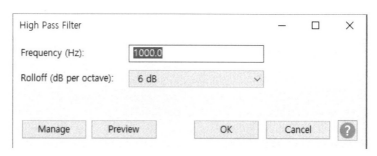

그림 7-12 High Pass Filter 실행창

Audacity의 하이 패스 필터에는 아쉽게도 레조넌스(Resonance) 설정 옵션은 없습니다. 하지만 차단 주파수(Cutoff Frequency)와 기울기(Rolloff) 설정을 바꿔가며 하이 패스 필터의 특성을 확인하는 데에는 충분할 것입니다.

Step 3. 차단 주파수 값과 기울기값을 변경하고 Preview 버튼을 이용하여 소리의 변화를 확인해보기 바랍니다.

2. 로우 패스 필터(Low Pass Filter)

기준 주파수를 중심으로 그보다 낮은 주파수만을 통과시키는 것입니다. 낮은 주파수 성분만을 통과시키기 때문에 소리는 어둡고 무거워지게 됩니다.

여기서 기준 주파수는 Fc라고 쓰며 차단 주파수(컷 오프 프리퀀시, Cutoff Frequency)라고 부릅니다.

그리고 얼마나 무디게 혹은 날카롭게 통과를 시킬 것이냐를 결정하는 것을 기울기

(Roll off 또는 Slope)라고 하며 6dB/Octave (주파수가 두 배가 될 때마다 6dB씩 줄어든다는 의미입니다.) 12dB/Octave, 24dB/Octave와 같은 단위를 사용합니다. 6dB/Octave를 1Pole Filter, 12dB/Octave를 2Pole Filter, 24dB/Octave를 4Pole Filter라고 부르기도 합니다.

마지막으로 레조넌스(Resonance)는 컷 오프 주파수를 강조해주는 것을 의미합니다. 그 값은 dB 단위로 강조를 할 수 있으며 레조넌스를 사용할 경우 컷 오프 주파수가 강조되면서 필터의 효과가 더 극적으로 나타나게 됩니다.

로우 패스 필터의 특징을 그래프로 나타내면 다음과 같습니다.

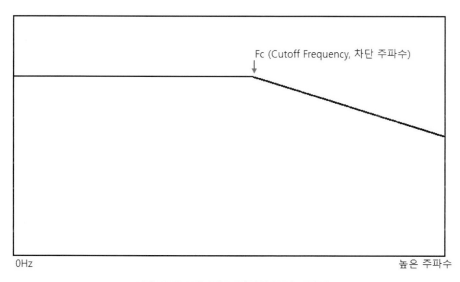

그림 7-13 로우 패스 필터의 특징 그래프

그렇다면 실험을 통해서 로우 패스 필터의 특징을 경험해보도록 하겠습니다.

Step 1. 여러분이 좋아하는 음악을 하나 불러오도록 합시다.

Step 2. Effect → Low Pass Filter를 실행합니다.

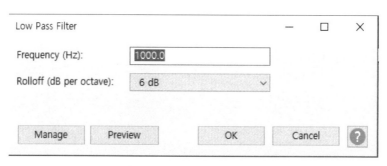

그림 7-14 Low Pass Filter 실행창

하이 패스 필터와 완전히 똑같은 창이 나타났습니다. Low Pass Filter에도 아쉽지만 레조넌스(Resonance) 설정 옵션은 없습니다. 하지만 차단 주파수(Cutoff Frequency)와 기울기(Rolloff) 설정을 바꿔가며 로우 패스 필터의 특성을 확인하는 데에는 충분할 것입니다.

Step 3. 차단 주파수 값과 기울기값을 변경하고 Preview 버튼을 이용하여 소리의 변화를 확인해보기 바랍니다.

3. 밴드 패스 필터(Band Pass Filter)

기준 주파수를 중심으로 그 주변의 주파수만을 통과시키는 것입니다. 특정한 성분의 주파수 성분만을 통과시키기 때문에 소리는 좁아지며 약간은 답답한 느낌을 갖게 되기도 합니다.

여기서 기준 주파수는 Fc라고 쓰지만 하이 패스 필터나 로우 패스 필터와는 달리 중심 주파수(센터 프리퀀시, Center Frequency)라고 부릅니다.

그리고 중심 주파수를 중심으로 얼마나 넓은 구간을 통과를 시킬 것이냐를 결정하는 것을 대역폭(Band width)이라고 합니다.

밴드 패스 필터의 특징을 그래프로 나타내면 다음과 같습니다.

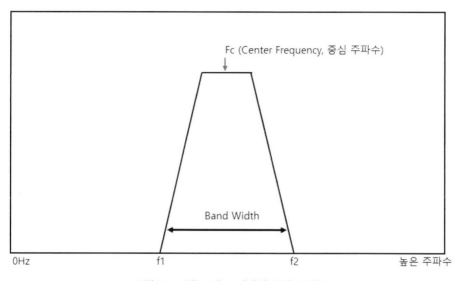

그림 7-15 밴드 패스 필터의 특징 그래프

아쉽게도 Audacity의 기본 기능에는 밴드 패스 필터를 가지고 있지 않습니다. 하지만 만약 밴드 패스 필터와 같은 효과를 내려고 한다면 하이 패스 필터와 로우 패스 필터를 한 번씩 통과시켜서 밴드 패스 필터의 효과를 낼 수 있습니다.

4. 밴드 리젝트 필터(Band Reject Filter)

밴드 리젝트 필터(Band Reject Filter)는 노치 필터(Notch Filter), 밴드 스톱 필터(Band Stop Filter) 등의 이름으로 불리기도 합니다.

밴드 패스 필터와는 반대로 기준 주파수를 중심으로 그 주변의 주파수만을 통과시키

지 않는 필터입니다. 이 필터는 원하지 않는 주파수 성분만을 제거하고자 할 때 주로
사용이 됩니다.

여기서도 기준 주파수는 Fc라고 쓰고 밴드 패스 필터와 마찬가지로 중심 주파수
(Center Frequency)이라고 부릅니다.

그리고 중심 주파수를 중심으로 얼마나 날카롭게 주파수를 차단시킬 것인가를 결정하
는 것을 대역폭(Band width)라고 합니다.

밴드 리젝트 필터의 특징을 그래프로 나타내면 다음과 같습니다.

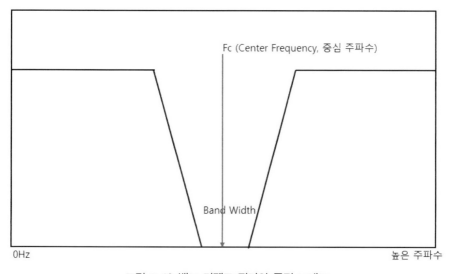

그림 7-16 밴드 리젝트 필터의 특징 그래프

아쉽게도 Audacity의 기본 기능에는 밴드 리젝트 필터를 가지고 있지 않습니다. 하
지만 만약 밴드 리젝트 필터와 같은 효과를 내려고 한다면 하이 패스 필터와 로우

패스 필터를 한 번씩 통과시켜서 밴드 리젝트 필터의 효과를 낼 수 있습니다.

7.2.2 셸빙 필터(Shelving Filter)

필터를 구분할 때 앞서 다뤘던 패스(Pass) 계열의 필터와 더불어 이제부터 다루게 될 셸빙(Shelving) 필터가 있습니다. 패스 계열의 필터가 기준이 되는 주파수로부터 높은 주파수, 낮은 주파수, 또는 그 주변의 주파수만을 통과시키는 필터인데 반해 이제부터 다루게 될 셸빙 필터는 셸빙(Shelving, 선반)이라는 단어가 의미하듯이 기준이 되는 주파수로부터 높은 주파수 또는 낮은 주파수를 키우거나 줄이는 필터입니다.

:: 셸빙 필터의 종류와 특징

셸빙 필터의 종류는 하이 셸빙 필터(High Shelving Filter), 로우 셸빙 필터(Low Shelving Filter), 그리고 정확하게 셸빙은 아니지만 셸빙 필터의 부류에 들어가는 피크 필터(Peak Filter)가 있으며 그 특징은 다음과 같습니다.

1. 하이 셸빙 필터(High Shelving Filter)

기준 주파수를 중심으로 그보다 높은 주파수를 강조하거나(Boost) 줄이는(Cut) 역할을 하는 필터입니다. 만약 기준 주파수보다 높은 주파수를 줄이는(Cut) 용도로 사용하게 되면 로우 패스 필터와 같은 역할을 하게 됩니다.

여기서 기준 주파수는 Fc라고 쓰며 기준 주파수(컷 오프 프리퀀시, Cutoff Frequency)라고 부릅니다. 그리고 기준 주파수보다 높은 주파수를 얼마만큼 강조(Boost)할 것인지 또는 제한(Cut)할 것인지를 정하는 값을 게인(Gain)이라고 하며 데시벨(dB)로 표시합니다.

이와 같은 하이 셸빙 필터의 특성을 그래프로 표시하면 다음과 같습니다.

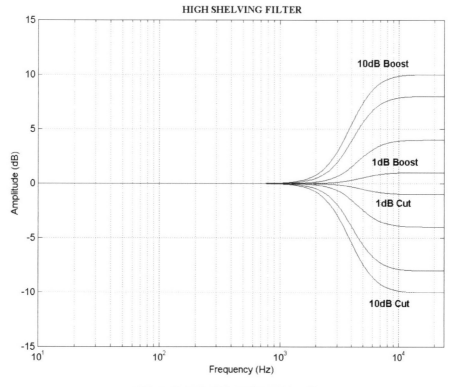

그림 7-17 하이 셸빙 필터의 특성 그래프

2. 로우 셸빙 필터(Low Shelving Filter)

기준 주파수를 중심으로 그보다 낮은 주파수를 강조하거나(Boost) 줄이는(Cut) 역할
을 하는 필터입니다. 만약 기준 주파수보다 낮은 주파수를 줄이는(Cut) 용도로 사용
하게 되면 하이 패스 필터와 같은 역할을 하게 됩니다.

여기서 기준 주파수는 Fc라고 쓰며 기준 주파수(컷 오프 프리퀀시, Cutoff Frequency)
라고 부릅니다. 그리고 기준 주파수보다 낮은 주파수를 얼마만큼 강조(Boost)할 것인
지 또는 제한(Cut)할 것인지를 정하는 값을 게인(Gain)이라고 하며 데시벨(dB)로
표시합니다.

이와 같은 로우 셸빙 필터의 특성을 그래프로 표시하면 다음과 같습니다.

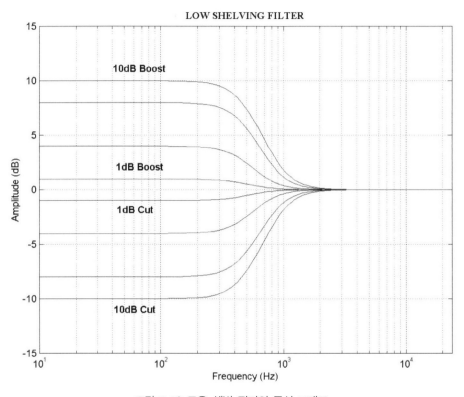

그림 7-18 로우 셸빙 필터의 특성 그래프

3. 피크 필터(Peak Filter)

피크 필터는 셸빙 필터와는 조금 다른 특성을 가지고 있기는 하지만 패스 필터에서의
밴드 패스 필터나 밴드 스톱 필터와 대응이 되어서 셸빙 필터의 부류로 묶어서 설명을
합니다.

피크 필터는 기준 주파수를 중심으로 그 주위의 주파수를 강조하거나(Boost) 줄이는
(Cut) 역할을 합니다. 만약 기준 주파수 주위의 주파수를 줄이는(Cut) 용도로 사용하
게 되면 밴드 스톱 필터(Band Stop Filter, Band Reject Filter, Notch Filter)와

같은 역할을 하게 됩니다.

여기서 기준 주파수는 Fc라고 쓰며 기준 주파수(컷 오프 프리퀀시, Cutoff Frequency)라고 부릅니다. 그리고 기준 주파수를 얼마만큼 강조(Boost)할 것인지 또는 제한(Cut)할 것인지를 정하는 값을 게인(Gain)이라고 하며 데시벨(dB)로 표시합니다. 또한 얼마만큼의 주파수 대역에 대하여 영향을 미칠 것인가의 값을 Q라고 부릅니다. 다음의 그래프를 통해서 Q의 의미를 확인해보기 바랍니다.

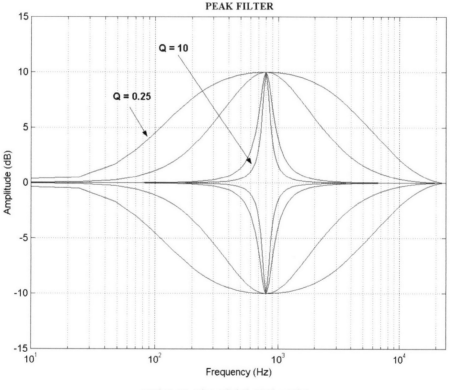

그림 7-19 피크 필터의 특성 그래프

Audacity에서는 아주 약식의 하이 셸빙 필터와 로우 셸빙 필터 기능을 가지고 있는데요.

바로 Effect → Bass and Treble입니다.

여러분이 즐겨 듣는 음악을 하나 불러온 다음 Effect → Bass and Treble을 실행해 봅시다.

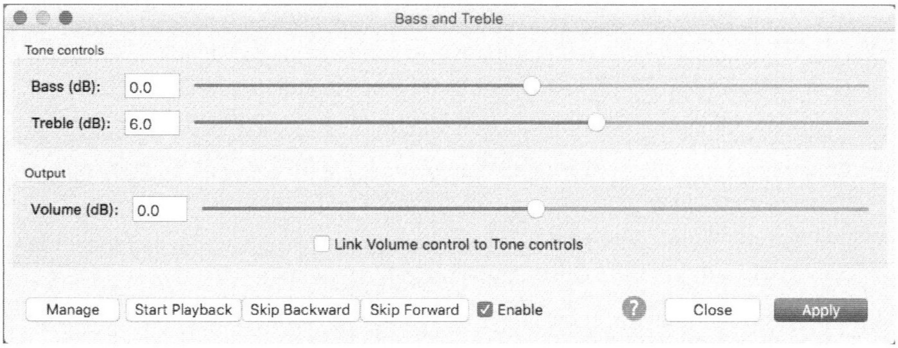

그림 7-20 Bass and Treble 실행창

여기서의 기준 주파수는 대략 1KHz 정도입니다. Bass나 Treble 값을 0 이상으로 올리면 그만큼 Boost가 되며 0 이하로 내리게 되면 그만큼 Cut이 되게 됩니다. Bass 와 Treble 값을 조절해가면서 셸빙 필터의 대략적인 감을 잡아보시기 바랍니다.

7.2.3 그래픽 이퀄라이저(Graphic Equalizer)

그래픽 이퀄라이저는 요즘에는 가장 널리 사용되는 필터라고 할 수 있습니다. 패스 필터나 셸빙 필터처럼 필터의 파라미터들을 조작하는 것이 아니라 사용자가 그림을 그리듯이 원하는 주파수 대역을 강조하거나 제한할 수 있습니다. 하지만 조작이 자유 롭기는 하지만 사용자가 각 주파수에 대한 충분한 경험과 감각을 가지고 있지 않다면 어디서부터 손을 대야 할지 난감한 상황이 올 수도 있습니다.

그래서 앞서 다뤘던 패스 필터와 셸빙 필터를 이용하여 각 주파수에 대한 충분한 경험 과 감각을 쌓은 다음 그래픽 이퀄라이저를 사용하게 된다면 쉽고 편하게 사용할 수 있는 필터가 될 것입니다.

또는 스펙트럼이나 스펙트로그램을 통해서 주파수 대역을 눈으로 확인하고 그래픽 이퀄라이저에 적용을 할 수도 있습니다. (하지만 개인적 경험상 스펙트럼이나 스펙트로그램을 통해서 확인을 하더라도 각 주파수에 대한 개인적 경험과 감각을 가지고 있으면 사운드를 만들어갈 때 훨씬 편하고 도움이 되더군요.)

그럼 Audacity에서 그래픽 이퀄라이저를 사용해보도록 하겠습니다.

이번에도 여러분이 즐겨 듣는 음악을 하나 불러온 후 사운드 전체를 선택하고 Effect → Equalization을 실행해보겠습니다.

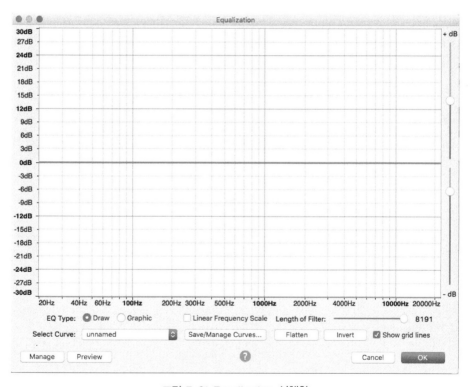

그림 7-21 Equalization 실행창

저 창을 보는 순간 '사용자가 각 주파수에 대한 충분한 경험과 감각을 가지고 있지 않다면 어디서부터 손을 대야 할지 난감한 상황이 올 수도 있습니다.'라는 표현이 무엇인지 알 것 같기도 합니다.

그래서 이퀄라이저에 친숙해지는 법을 간략하게 소개하고자 합니다.
우선 다음 그림과 같이 EQ Type:을 Graphic으로 전환합니다.

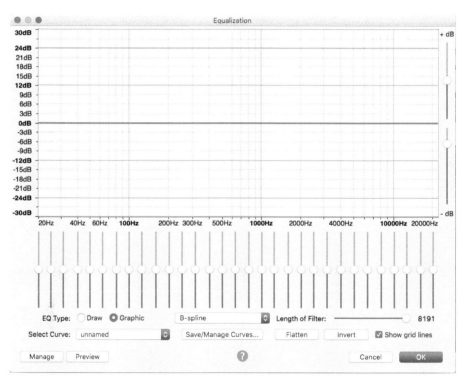

그림 7-22 EQ Type 전환

그리고 Select Curve를 클릭하여 프리셋을 하나씩 선택합니다. 이때 선택된 프리셋에 따라서 이퀄라이저의 모양이 어떻게 변화하는지 그리고 어느 주파수의 슬라이더가 얼마만큼 올라갔는지 혹은 내려갔는지를 살펴보길 바랍니다. 그리고 그에 따라서 소리가 어떻게 변하는지에 대한 감을 익혀보시기 바랍니다.

이런 과정이 반복되고 익숙해진다면 그래픽 이퀄라이저는 음색을 조절하는 쉽고 간편하면서도 아주 강력한 도구가 될 것입니다.

7.3 등청감 곡선(Equal Loudness Contour)

지금까지 음색에 대한 이야기를 했는데요. 여기서 문득 궁금한 점이 있습니다. 사람이 들을 수 있는 주파수의 영역이 20~20,000Hz(20KHz)라고 하는데요. (이것을 가청 주파수라고 합니다.)

과연 사람들은 20~20,000Hz의 주파수를 모두 들을 수 있으며 고르게 들을 수 있을까요?

이를 확인해보기 위하여 한 가지 실험을 해보고자 합니다. (참고로 이 실험은 간단하게 하는 실험으로 대략적인 결과를 얻기 위한 실험에 불과합니다.)

Step 1. Audacity에서 다음과 같은 처프 사운드를 생성합니다.

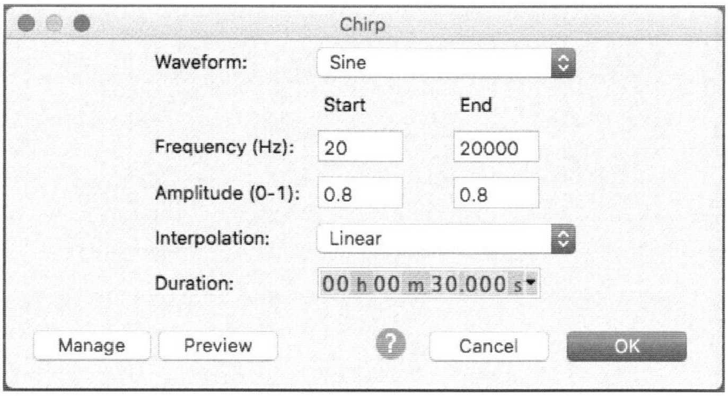

그림 7-23 처프 사운드 생성

Step 2. 처프 사운드를 재생합니다.

그리고 사운드의 음량이 어떻게 변하고 있는지 머릿속으로 그림을 그려봅니다.

어떤가요? 아마도 주파수가 올라갈수록 점점 소리가 커지는 것처럼 느껴지다가 음의 크기가 유지되는 듯한 느낌이 들것입니다. 그리고 소리가 다시 커지는 느낌이 들고,

다시 줄어드는 것처럼 느껴지다가 완전히 사라지는 것처럼 느껴질 것입니다. (이것은 사람들의 평균을 낸 것이고 개인에 따라 조금씩의 차이가 있을 수도 있습니다.)

어쨌든 개인별로 조금씩의 차이가 있기는 하지만 모든 주파수 대역이 같은 크기로 들리지 않는 것은 확실합니다. 분명히 우리는 0.8이라는 균일한 크기를 갖는 처프를 만들었는데도 말이죠.

이와 같이 사람들이 주파수별로 느끼는 심리적 소리의 크기를 그래프로 만들어놓은 것이 바로 등청감 곡선(Equal Loudness Contour)입니다.

등청감 곡선은 1933년 Fletcher와 Munson에 의해 발표가 되었고 1957년 Robinson과 Dudson이 발전시켜서 현재는 Robinson과 Dudson의 실험결과에 따른 곡선을 세계표준으로 사용을 하고 있습니다.

그럼 등청감 곡선을 확인해보도록 하겠습니다.

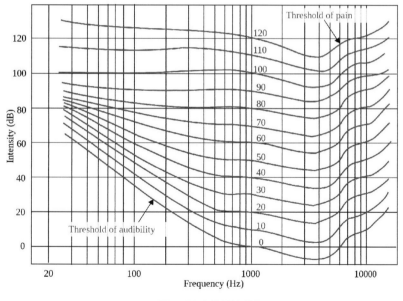

그림 7-24 등청감 곡선

등청감 곡선은 1KHz의 소리의 크기를 기준으로 합니다. 1KHz 100dB의 사인파라면 그것을 100phon이라고 합니다. 그림 7-24에서 위로부터 세 번째의 그래프가 100phon에 대한 그래프입니다. 이제부터 100phon의 그래프에 대해서 설명을 하겠습니다.

20Hz에서 20,000Hz의 100dB 크기의 사인파를 들려줬을 때 사람이 어떻게 느끼는가를 표로 나타내게 됩니다. 예를 들어 20Hz에서 1,000Hz까지는 거의 같다고 느끼고 있습니다. 하지만 1,000Hz에서 3,000Hz까지는 점점 더 작게 들려줘도 같은 음량이라고 느끼는 것이죠. 그만큼 사람의 귀가 이 주파수 대역에 대해서 민감하게 반응을 하는 것이고 다시 말해서 물리적으로 같은 크기의 1,000∼3,000Hz의 사인파를 듣게 된다면 일반적으로 사람들은 점점 더 큰 소리로 인식하게 되는 것입니다.

등청감 곡선을 이해한다는 것은 일반적인 사람들의 청각 특성을 이해한다는 것이고 사람들의 청각 특성을 알고 있으면 사운드를 디자인하는 데 훨씬 더 많은 도움이 됩니다.

쉬어가는 페이지 3. 퓨어 데이터(Pure Data)의 소개와 설치

다음 장부터는 퓨어 데이터(Pure Data, 줄여서 Pd라고 쓰기도 합니다.)라는 소프트웨어도 함께 사용을 하게 됩니다. 그래서 여기서는 퓨어 데이터에 대해서 소개하고 설치하는 방법에 대해서 간략하게 설명을 하고자 합니다.

:: Pure Data의 소개

퓨어 데이터(Pure Data)는 1990년대 밀러 푸켓(Miller Puckette)이 인터랙티브 컴퓨터 뮤직(Interactive Computer Music)과 멀티미디어 작업을 하기에 용이하게끔 개발한 비쥬얼 프로그래밍 언어입니다.

퓨어 데이터는 오픈소스 프로젝트이기 때문에 사용자가 별도의 비용을 지불하지 않고 자유롭게 사용할 수 있는 소프트웨어고요.

사용자는 그림을 그리듯 각각의 고유한 기능을 가지고 있는 오브젝트라는 박스를 만들어 배치하고 그 박스들을 선으로 연결함으로써 소리를 만들어내거나 영상을 만들어 낼 수 있습니다.

그림 R3-1 퓨어 데이터를 이용한 리버브(Reverb)의 구현 예제

그림 R3-1은 퓨어 데이터를 이용해서 간단하게 리버브(Reverb)를 구현한 예인데요. [adc~1]은 컴퓨터에 연결된 오디오 입력단자(예를 들어 마이크와 같은)를 통해서 소리를 입력받는 역할을 하는 박스(오브젝트)고요. [freeverb~]는 잔향효과(Reverb) 를 만들어주는 역할을 하는 박스(오브젝트)죠. 그리고 [dac~]는 컴퓨터에 연결된 오디오 출력단자(예를 들어 스피커와 같은)를 통해서 소리를 출력하는 역할을 하는

박스(오브젝트)입니다. 이렇듯 각각의 고유한 역할을 하는 박스(오브젝트)들을 선으로 연결하여 원하는 결과를 얻어내는 방식이 비쥬얼 프로그래밍입니다. (아직은 위의 패치를 이해할 필요는 없습니다. 다만 어떤 식으로 프로그래밍을 하는지에 대한 감만 잡으면 됩니다.)

그럼 이제 퓨어 데이터를 설치하는 방법에 대하여 알아보도록 하겠습니다.

:: 퓨어 데이터(Pure Data)의 설치

퓨어 데이터는 윈도우(Windows), 맥 OS(Mac OS), 리눅스(Linux) 등 대부분의 OS에서 실행이 가능하게끔 배포되고 있습니다. 따라서 여러분이 사용하는 OS에 맞는 배포판을 다운받아서 사용하시면 됩니다.

퓨어 데이터는 기본적인 기능만을 가지고 있는 바닐라(Pd-Vanilla) 버전과 다양한 라이브러리를 함께 포함시킨 익스텐디드 버전(Pd-Extended)이 있는데 우리는 설치의 편의를 위해서 익스텐디드 버전(Pd-Extended)을 설치하여 사용할 것입니다.

설치를 위해서 검색엔진에서 Pure Data extended를 검색합니다.

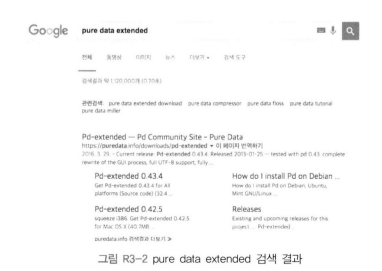

그림 R3-2 pure data extended 검색 결과

제일 우선 검색된 결과를 클릭하면 Pure Data Extended를 다운받을 수 있는 그림 R3-3과 같은 페이지가 나타나게 됩니다.

페이지의 주소는 다음과 같습니다.

https://puredata.info/downloads/pd-extended

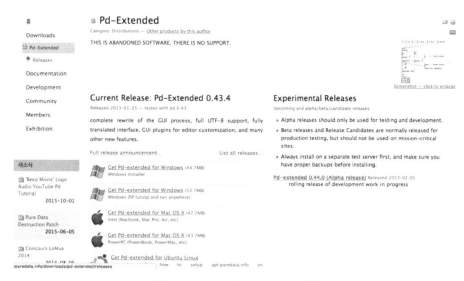

그림 R3-3 Pure Data Extended 페이지

여기서 여러분이 사용하는 OS에 맞는 Pd-Extended를 다운받으면 됩니다.

윈도우의 경우는 설치 버전과(Windows Installer) 무설치 버전(Windows ZIP(Unzip and Run anywhere)) 중에서 선택해서 다운받을 수 있습니다.

Mac OS의 경우는 PowerPC CPU와 Intel CPU 버전 중에 선택해서 다운받을 수 있습니다. 아주 오래된 맥이 아니라면 Intel CPU용 Pd-Extended를 다운받아 설치하면 됩니다. (Mac OS의 경우 설치를 마친 후 처음 프로그램을 실행했을 때, X11을 설치하라는 경고창이 나타날 수도 있습니다. 이때는 링크를 클릭해서 XQuartz를 설치하면 됩니다. 또는 https://www.xquartz.org에서 XQuartz를 직접 다운받아 설치해도 됩니다.)

설치를 마쳤다면 여느 응용 프로그램을 실행시키는 것과 같은 방법으로 Pd(Pure
Data를 줄여서 Pd라고도 쓰며 우리도 앞으로는 Pd로 줄여서 부르기로 할 것입니다.)
를 실행시켜 보도록 하겠습니다.

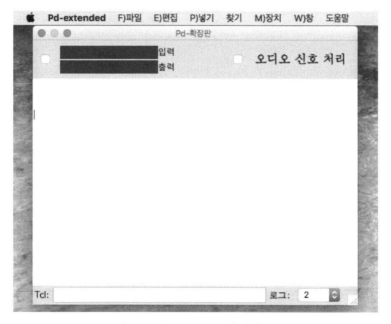

그림 R3-4 Pd-Extended의 실행 모습

그림 R3-4와 같은 화면이 나타났다면 '장치 — 오디오 및 MIDI 점검' 메뉴를 선택합
니다.

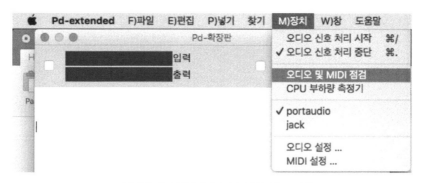

그림 R3-5 오디오 및 MIDI 점검 메뉴 선택

메뉴를 선택하면 그림 R3-6과 같은 창이 나타나게 되는데 여기서 퓨어 데이터가 정상적으로 동작하는지 확인을 할 수 있습니다.

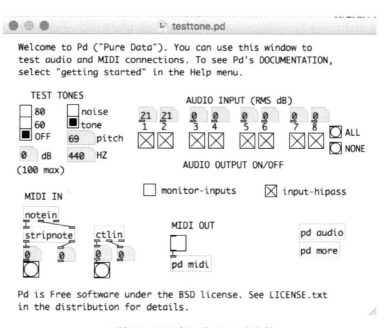

그림 R3-6 오디오 및 MIDI 점검 창

오디오 및 MIDI 점검 창의 좌측 상단에 TEST TONES 아래에 OFF, 60, 80이라고 되어 있는 부분에서 60을 선택하면 투명한 소리가 작게 날것입니다. 다시 80을 선택 하면 좀 더 크게 소리가 나게 됩니다. 다시 60을 선택하고 그 오른편 noise, tone이 라고 되어 있는 곳에서 noise를 선택하여 '치~' 소리처럼 들리는 노이즈 소리가 나는 지 확인을 해보겠습니다.

여기까지 확인이 되었다면 Pd-Extended의 설치와 동작확인을 마친 것입니다.

PART 03

어떻게 제어할 것인가?

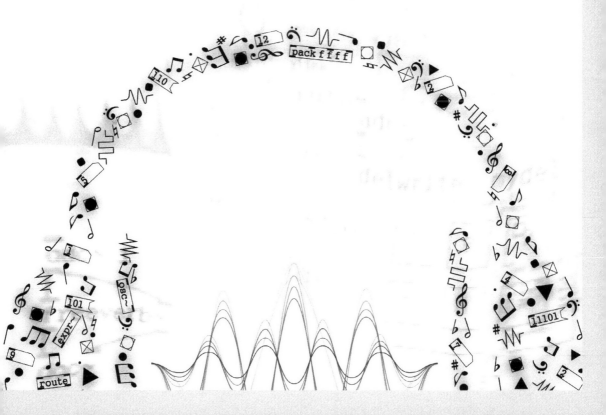

PART 3에서는 사운드 디자인의 방법론 그 세 번째 주제인 '어떻게 제어할 것인가?'에 대하여 다루어볼 것입니다.

여기서는 다양한 제어장치와 제어 방법에 대해서 이야기할 것이며 그림으로 정리하면 다음과 같습니다.

Chapter 08 소리의 제어 1 – 물리적 제어장치

물리적 제어장치는 말 그대로 물리적인 방법을 이용하여 실제로 조작이 가능한 제어
장치를 의미합니다. 예를 들어 건반도 물리적 제어장치에 해당이 되며 하드웨어 신디
사이저에 포함되는 각종 노브(Knob)라든가 슬라이더(Slider), 휠(Wheel), 패드(Pad),
페달(Pedal)에 이르기까지 굉장히 다양한 물리적 제어장치를 갖추고 있습니다. 그리고
현대의 사운드 시스템에서 물리적 제어장치는 더욱 다양하게 발전되어 가고 있습니
다.

그림 8-1 패드, 슬라이더, 노브를 갖추고 있는 물리적 제어장치

기술의 발전과 더불어 물리적 제어장치도 나날이 발전하고 새로운 장치들이 등장하고 있지만 그 장치들을 분류하면 다음과 같이 스위치 방식의 제어장치(Switch Controller), 연속적 제어장치(Continuous Controller), 양쪽의 특성을 모두 갖는 하이브리드 타입의 제어장치(Hybrid Type Controller)로 정리할 수 있습니다.

8.1 스위치 컨트롤러(Switch Controller)

스위치라고 하면 무엇이 떠오르나요? 집의 조명을 켜거나 끌 때 사용하는 스위치가 제일 먼저 떠오르지 않나요? 스위치는 대개 무엇을 켜거나(On) 끄는 것(Off)을 제어할 때 사용이 됩니다.

제일 먼저 떠올렸던 조명도 그렇고 누군가의 집을 방문할 때 누르게 되는 초인종도 역시 스위치입니다.

그럼 이제부터 다양한 스위치 컨트롤러에 대해서 알아보고 그것이 사운드를 어떤 방식으로 제어하는지에 대해서도 알아보도록 하겠습니다.

8.1.1 Toggle Type

스위치의 방식은 크게 토글(Toggle), 트리거(Trigger), 게이트(Gate) 이렇게 3가지로 나눌 수 있는데 그중에서 토글 방식의 스위치에 대하여 알아보겠습니다.

간단하게 이야기하면 집안의 조명을 켜고 끌 때 사용하는 스위치가 토글 방식의 대표적인 예라 할 수 있습니다. 조명 스위치는 한 번 누르면 스위치가 켜지고 다시 한번 스위치를 누르면 꺼지게 됩니다. 다시 말해서 한 번 누르면 On 상태가 되고 다시 한번 누르면 Off 상태가 되는 것입니다.

그렇다면 이와 같은 토글 스위치로 어떻게 사운드를 제어할 수 있을까요?

이제부터 퓨어 데이터(Pure Data, Pd)를 이용하여 토글 스위치를 이용한 사운드 제어 실험을 해보겠습니다. 참고로 이 책은 퓨어 데이터를 배우는 책이 아니기에 최대한 간단하게 구현을 해갈 것입니다. 이 책을 통하여 퓨어 데이터에 대한 흥미가 생기고 퓨어 데이터라는 소프트웨어에 대하여 더 공부하고 싶어진다면 다음의 책들을 읽어보길 권합니다.

• 『미디어 아트를 위한 Puredata 레시피_Image Programming』(정현후 지음, 씨아이알 출판) – 퓨어 데이터의 GEM이라는 라이브러리를 이용하여 영상을 제어하고 프로그래밍하는 다양한 방법에 대해서 기술된 서적입니다.
• 『미디어 아트를 위한 Puredata 레시피_Sound Programming』(정현후 지음, 씨아이알 출판) – 퓨어 데이터를 이용하여 사운드를 프로그래밍하는 방법에 대해 기술된 서적입니다.

Pd를 실행하고 파일→ 새 파일을 실행하여 새로운 파일을 만듭니다.
넣기→ 토글 메뉴를 실행합니다.

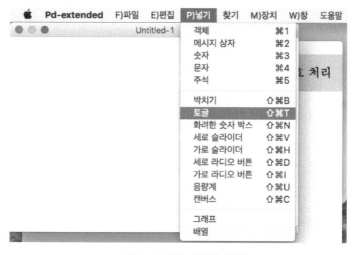

그림 8-2 토글 스위치 생성

토글 스위치를 생성하고 나면 비어 있던 화면에 다음과 같이 네모난 상자가 하나 생기는데 저 네모난 상자가 토글 스위치입니다.

그림 8-3 토글 스위치

그럼 정말 한 번 누르면 켜지고 다시 한번 누르면 꺼지는지 확인을 하기 위하여 네모난 상자를 클릭해보겠습니다. 그런데 아무런 변화가 없고 계속 네모난 상자가 선택만될 것입니다. 왜 그럴까요? 퓨어 데이터는 편집 모드와 실행 모드가 있는데요. 편집모드는 프로그램을 만들 수 있는 모드고요. (프로그램을 패치라고도 부릅니다.) 만들어진 패치를 실행하기 위해서는 실행 모드로 전환을 해줘야 합니다.

토글 스위치를 하나 생성한 것도 이미 하나의 패치를 만든 것이기에 이렇게 만들어진 패치를 실행하려면 실행 모드로 전환을 해야 하는 것입니다.

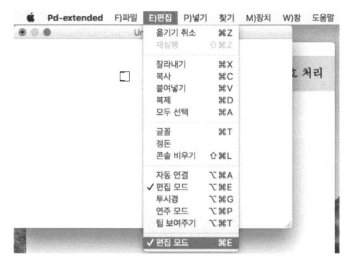

그림 8-4 실행 모드로 전환

그림과 같이 편집 → 편집 모드를 클릭해서 편집 모드를 해제하면 실행 모드로 전환이
됩니다. 실행 모드로 전환이 되고 나면 손 모양이던 커서(Cursor)가 화살표 모양으로
바뀌게 됩니다.

이제 토글 스위치를 클릭하면 토글 스위치에 X 모양이 생겼다가 없어졌다 하는 것을
확인할 수 있습니다. X 모양이 생겼을 때가 On 상태, 없어졌을 때가 Off 상태입니다.

그럼 이제 토글 스위치를 이용하여 소리를 제어해보겠습니다.
220Hz의 사인파를 만들기 위하여 '넣기 → 객체'를 실행합니다. 이번에는 비어 있는 네
모난 상자가 하나 만들어졌습니다. 이 네모난 상자에 osc~220이라고 입력을 합니다.

osc~ 220

그림 8-5 220Hz의 사인파 생성

그리고 빈 공간을 클릭하면 다음 그림과 같이 신기한 상자가 하나 만들어집니다.

그림 8-6 새로운 객체의 생성

위아래로 네모난 점들이 있는 상자를 객체(Object)라고 합니다. osc~의 물결모양
(~)은 소리와 관련된 객체임을 의미하고 220은 220Hz의 주파수를 의미합니다. osc~
와 같은 명령 옆에 붙은 220과 같은 값을 아규먼트(Argument)라고 합니다.

그럼 이번에는 위와 같은 방법으로 *~라는 객체와 dac~라고 하는 객체를 각각 만
들어보겠습니다.

모두 다 명령 옆에 ~가 붙어 있는 것으로 보아 소리와 관련된 명령일 것입니다. *~
는 소리에 어떤 값을 곱하는 명령인데요. 소리에 어떤 값을 곱하여 음량을 조절한다는
것을 우리는 이미 배워서 알고 있습니다.

그리고 dac~는 pd가 생성한 소리를 우리가 들을 수 있는 소리로 변환해서 들려주는
객체입니다.

(이제부터 객체는 [*~], [dac~]와 같이 표시하도록 하겠습니다.)

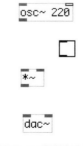

그림 8-7 객체들의 생성

이제 사용할 모든 명령 객체들을 만들었으니 연결을 하도록 하겠습니다. 객체의 위나 아래에 있는 네모난 점에 커서를 가져다 놓으면 커서가 동그라미로 변하는데 이때 클릭을 하면 선이 만들어지게 됩니다. 그 선을 다른 객체의 네모난 점에 가져다 놓으면 두 개의 객체가 선으로 연결이 됩니다. 객체의 위에 있는 네모난 점은 입력을 의미하고 아래에 위치한 네모난 점은 신호의 출력을 의미합니다.

다음 그림과 같이 객체들을 연결합니다.

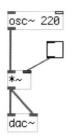

그림 8-8 패치의 완성

위의 패치는 [osc∼220] 객체에서 220Hz의 사인파를 생성하게 되며 [*∼]를 통하여 생성된 사인파에 어떤 값을 곱하게 됩니다. 어떤 값이 곱해지느냐면 토글 스위치가 꺼져 있을 때는 0을 곱하고, 켜지게 되면 1을 곱하게 됩니다. 다시 말해서 토글 스위치가 꺼져 있으면 소리가 나지 않고 켜지면 최대 음량이 나게 되는 것입니다.
이렇게 만들어진 소리는 [dac∼]을 통하여 우리가 들을 수 있는 소리로 변환이 됩니다.

이제 실행 모드로 전환을 하고 토글 스위치를 클릭하여 On 상태로 바꿔봅시다. 그런데 아무런 소리가 나지 않습니다. 소리가 나지 않는 이유는 퓨어 데이터에서 사운드 프로세싱을 하기 위해서는 오디오 신호 처리(DSP) 스위치가 켜져 있어야 하기 때문입니다. 그럼 다음 그림과 같이 퓨어 데이터의 오디오 신호 처리를 체크하고 토글 스위치를 켜고 끄는 것을 해봅시다. 토글 스위치를 켜면 소리가 나고 토글 스위치를 끄면 소리가 멈추는 것을 확인할 수 있습니다.

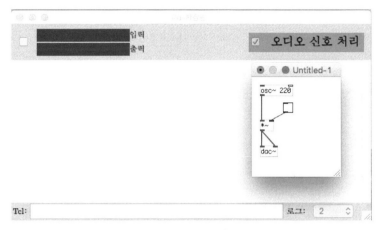

그림 8-9 오디오 신호 처리 스위치 켜기

이로써 토글 스위치의 동작방식을 알아보고 퓨어 데이터를 이용하여 간단한 실험까지 해보았습니다.

토글 스위치는 사운드에서 뮤트(Mute)나 바이패스(By Pass)에 적용을 할 수 있습니다. 또한 DJ들이 음악 패턴을 켜고 끌 때도 토글 스위치를 사용하고 있습니다.

8.1.2 트리거 방식(Trigger Type)

트리거(Trigger)는 우리말로 방아쇠라는 뜻을 가지고 있습니다. 그렇다면 방아쇠를 한번 떠올려 보겠습니다. 방아쇠를 당기는 순간 총알이 발사됩니다. 그 총알은 그 이후의 방아쇠의 상태와 상관없이 목표물까지 날아가게 됩니다.

우리 주변에서는 집 앞에 달려 있는 초인종이 트리거 타입인 경우가 많은데요. 초인종을 한 번 누르면 그 초인종을 누르는 순간 벨이 울리기 시작하고 울리기 시작한 벨은 그 벨소리가 끝나는 지점까지 울리게 됩니다.

그럼 이번에는 트리거 타입의 스위치를 이용하여 앞서 만들었던 패치를 조금 수정해 보도록 하겠습니다.

트리거 타입의 스위치를 생성해내기 위해서 '넣기 → 박치기'를 실행합니다. 영어 버전에서는 Bang이라는 객체 이름을 사용하며 '넣기 → 객체'를 실행한 후 bng라고 입력을 해도 똑같은 뱅(Bang) 객체가 만들어집니다. 뱅(Bang)은 총을 쏘는 소리로 방아쇠를 당겼을 때 총소리가 난다는 의미와도 통합니다. (그런데 왜 한국어 버전에서 '박치기'라는 표현이 사용되었는지 모르겠네요.)

뱅(Bang)을 생성하면 토글 스위치와는 조금 다르게 동그란 원이 그려져 있는 상자가 만들어집니다. 실행 모드로 전환하고 뱅을 클릭하면 클릭하는 순간 잠깐 깜빡하고는 변화가 없습니다. 이것이 트리거 타입입니다.

그럼 이번에는 '넣기 → 메시지'를 실행해봅시다. 이번에는 네모난 상자가 아니라 쪽지 같은 모양의 오른쪽 끝이 살짝 들어간 상자가 만들어졌습니다. 여기에 110이라고 입력을 해보겠습니다.

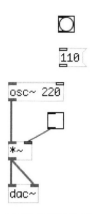

그림 8-10 뱅과 메시지 상자 추가

뱅과 메시지 상자를 2개씩 더 만들어서 다음과 같이 연결을 해보겠습니다.

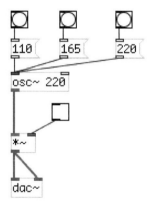

그림 8-11 완성된 패치

이제 오디오 신호 처리 스위치를 켜고 실행 모드로 전환한 후 토글 스위치를 켭니다. 220Hz의 사인파 소리가 날 겁입니다. 이제 제일 왼쪽의 뱅을 클릭해봅시다. 한 옥타브 아래의 사인파로 바뀌게 됩니다. [osc~]의 왼쪽 입력은 사인파의 주파수를 설정하는 데 사용이 됩니다. 따라서 제일 왼편의 뱅을 클릭하는 순간 110이라는 메시지가 활성화되어 사인파의 주파수가 110으로 바뀌게 되는 것입니다. 마찬가지로 중간의 뱅을 클릭하면 전보다 완전 5도 높은 음(165Hz)으로 바뀌게 되고 제일 오른쪽의 뱅을 클릭하게 되면 220Hz의 사인으로 바뀌게 됩니다.

이렇게 해서 트리거 타입의 스위치가 어떤 방식으로 동작하는지에 대해서 알아보고 실험까지 해보았습니다.

트리거 타입의 스위치가 사용되는 대표적인 사례는 전자 드럼을 들 수 있습니다. 전자 드럼의 패드를 두드리는 순간 사운드가 트리거되어 소리가 나게 됩니다.

8.1.3 게이트 방식(Gate Type)

게이트(Gate)는 우리말로 문이라는 뜻을 가지고 있습니다. 그렇다면 이번에는 문을 잠깐 떠올려 볼까요? 문을 열어놓으면 사람들이 들어오기도 하고 나가기도 하겠지만 문이 닫히면 아무도 들어오거나 나가지 못할 것입니다. 다시 말해서 문이 열려 있는 동안은 On, 문이 닫히면 Off 상태가 되는 것입니다.

우리 주변에서는 정수기의 물을 받는데 사용하는 스위치가 일종의 게이트 타입이라고 할 수 있습니다. 스위치를 누르고 있는 동안 물이 나오고 스위치를 떼면 물이 멈추는 방식은 게이트 타입의 특징에 해당한다고 하겠습니다.

그럼 이번에는 게이트 타입의 스위치를 이용하여 앞서 만들었던 패치를 또 다시 조금 수정해보도록 하겠습니다.

'넣기 → 객체'를 실행하고 keyname이라고 입력을 합니다.

[keyname] 객체는 컴퓨터의 키보드로부터 입력된 정보를 보여주는 객체인데요. 그 정보를 확인하기 위해 '넣기 → 숫자'를 실행하여 숫자 상자를 만들고 다음과 같이 연결합니다.

그림 8-12 [keyname] 객체 테스트

그리고 컴퓨터의 자판을 누르면 자판을 누르고 있는 동안은 1, 자판에서 손을 떼면 0이 표시가 되는 것을 확인할 수 있습니다. 그럼 기존 패치의 토글 스위치를 지금 만든 [keyname]으로 대치해봅시다.

토글 스위치를 선택하고 delete 키를 누르면 토글 스위치 및 그에 연결된 선도 모두 삭제가 됩니다.

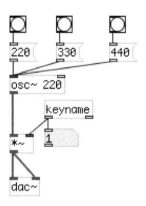

그림 8-13 완성된 패치

이제 오디오 신호 처리를 체크하고 컴퓨터 키보드를 누르면 누르고 있는 동안은 소리가 나고 키보드에서 손을 떼면 소리가 멈추는 것을 확인할 수 있습니다.

이렇게 해서 게이트 타입의 스위치가 어떤 방식으로 동작하는지에 대해서 알아보고 실험까지 해보았습니다.

게이트 타입의 스위치는 악기나 사운드 장비에서 굉장히 많이 사용이 되는 스위치인데요. 대표적인 사례로 건반을 들 수 있으며 신디사이저의 서스테인 페달도 게이트 타입입니다.

건반을 누르고 있는 동안은 소리가 나고 건반에서 손을 떼면 소리가 나지 않는 것은 물론이고 서스테인 페달을 밟고 있는 동안은 소리가 유지되지만 페달에서 발을 떼면 서스테인이 멈추게 되죠.

8.2 컨티뉴어스 컨트롤러(Continuous Controller)

컨티뉴어스 컨트롤러(Continuous Controller)는 연속적인 값을 만들어내는 제어장치로 사운드가 대개 연속적인 소리의 변화를 만들어내기에 아주 중요한 제어장치라고 할 수 있습니다.

주변에서 아주 흔히 볼 수 있는 연속적인 제어장치(Continuous Controller)로는 슬라이더(Slider)나 노브(Knob)가 있습니다.

스위치 컨트롤러가 On과 Off의 두 가지 상태만을 가지고 있는 반면 연속적인 제어장치는 연속적인 값을 만들어내기 때문에 제어장치가 만들어내는 값의 범위를 설정해주는 것이 필수적이라고 할 수 있습니다.

그렇다면 앞서 만들어놓은 패치에 연속적인 컨트롤러를 적용하여 슬라이더로 음량을 제어하는 패치를 만들어보도록 하겠습니다.

'넣기 → 가로 슬라이더'를 실행하여 가로로 긴 슬라이더를 생성합니다.
그리고 생성된 슬라이더에서 마우스의 오른쪽 버튼을 클릭하여 '속성'을 선택합니다.

그림 8-14 슬라이더의 속성 설정창

속성창의 출력 범위를 그림 8-14와 같이 좌: 0 우: 1로 변경합니다.

속성 변경이 제대로 되었는지 확인하기 위해 숫자 객체를 하나 만들어서 가로 슬라이더의 출력에 다음과 같이 연결합니다.

그림 8-15 변경된 슬라이더 값 확인

이제 실행 모드로 전환하고 슬라이더를 좌우로 움직여봅니다. 그러면 숫자 상자의 값이 0부터 1까지 변화하는 것을 확인할 수 있습니다.

그럼 슬라이더를 [*~] 객체에 다음 그림과 같이 연결합니다.

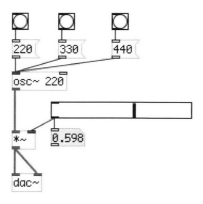

그림 8-16 수정된 패치

이제 오디오 신호 처리를 체크하고 실행 모드로 전환한 다음 슬라이더를 좌우로 움직여보면 소리가 커졌다 작아졌다 하는 것을 확인할 수 있습니다.

이번에는 노브(Knob)를 하나 만들어보도록 하겠습니다.

'넣기 → 객체'를 실행하여 객체를 하나 생성하고 knob라고 입력을 합니다. 그리고 화면의 빈 곳을 클릭하면 다음 그림과 같이 노브가 하나 만들어지는 것을 확인할 수 있습니다.

그림 8-17 노브의 생성

슬라이더와 마찬가지로 이번에도 노브를 선택한 후 마우스의 오른쪽 버튼을 클릭하여
'속성'을 선택합니다.

그림 8-18 노브(Knob)의 속성창

노브를 이용해서는 사인파의 주파수를 조절하고자 합니다. 그래서 그림과 같이 좌:
220 우: 660으로 설정을 하였습니다. 노브를 제일 왼쪽으로 돌렸을 때의 값이 220,
제일 오른쪽으로 돌렸을 때의 값이 660이 될 것입니다.

이제 앞서 만들어놓았던 뱅과 메시지박스를 모두 제거하고 다음 그림과 같이 노브와
[osc~220]을 연결합니다.

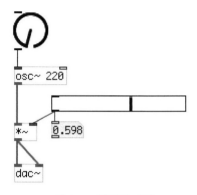

그림 8-19 완성된 패치

오디오 신호 처리를 체크하고 실행 모드로 전환한 후 슬라이더를 움직이면 음량이
변화가 되며 노브를 움직이면 사인파의 음고를 변화시킬 수 있습니다.

이렇게 해서 연속적인 값을 만들어내는 제어장치에 대해서 알아보았습니다.
연속적인 제어장치는 주변에서 많이 보이고 자연스러운 형태의 제어장치이기에 별
어려움 없이 이해할 수 있었을 것입니다.

8.3 하이브리드 방식 컨트롤러(Hybrid Type Controller)

기술의 발전과 더불어 다양한 센서 기술이 발전하고 있고 센서 기술의 발전은 다양한 물리적 제어가 가능해지게 되었습니다. 어쩌면 이 책에서 분류하고 있는 방법으로 분류가 되지 않는 새로운 물리적 제어장치가 이미 등장을 했거나 앞으로 등장을 하게 될지도 모르겠습니다.

고전적 방법의 물리적 제어장치는 앞서 설명한 스위치 타입의 컨트롤러와 연속적 값을 만들어내는 컨트롤러 정도였습니다. 여기서 스위치 타입의 컨트롤러는 불연속적인 두 개의 값을 만들어낸다는 특징을 가지고 있으며 컨티뉴어스 컨트롤러는 연속적인 값을 만들어낸다는 특징을 가지고 있습니다.
하지만 어느 순간부터 이 두 가지의 성격을 모두 갖는 제어장치가 등장하기 시작했습니다.

대표적으로는 리본 컨트롤러(Ribbon Controller)나 패드 컨트롤러(Pad Controller), 빔 컨트롤러(Beam Controller)와 같은 것들이 있습니다.

이와 같은 컨트롤러의 특징은 불연속적인 값도 만들어낼 수 있고 연속적인 값도 만들어낼 수 있다는 것입니다.

그림 8-20은 Haken사에서 만든 Continuum이라는 컨트롤러인데요. 이 컨트롤러의 경우 건반처럼 하나하나의 음을 연주할 수도 있지만 하나의 음을 연주한 다음 손가락의 위치를 좌우로 움직여 음의 피치를 조정하거나 위아래로 움직여 음색의 밝기를 조절하는 등의 불연속적인 값과 연속적인 값을 모두 제어할 수 있는 특징을 가지고 있습니다.

그림 8-20 Haken사의 Continuum (컨티뉴엄)

이와 유사한 형태로 패드 컨트롤러가 있는데요. 그림 8-21은 KORG사의 KAOSS PAD라는 제품입니다.

그림 8-21 KORG사의 KAOSS PAD

KAOSS PAD도 컨티뉴엄(Continuum)과 비슷하게 패드의 한 지점을 터치하면 그 지점의 값이 적용이 되고 그 이후에 터치 지점을 위아래 또는 좌우로 움직여서 연속적인 값의 변화를 만들어낼 수 있습니다.

마지막으로 빔 컨트롤러(Beam Controller)는 거리 센서(일반적으로 적외선 센서를

주로 사용합니다.)를 이용하여 만들어진 제어장치입니다. 알레시스(Alesis)사의 에
어 에프엑스(Air FX)라는 제품에서도 이와 같은 컨트롤러를 적용하였고 롤랜드는
디빔(D-Beam)이라는 이름으로 이와 같은 컨트롤러를 자사 제품에 장착하고 있습니
다. 그림 8-22는 롤랜드(Roland)사의 빔 컨트롤러를 설명하는 그림인데요.
컨트롤러의 일정한 거리에 손을 대면 그 값이 적용이 되는데 손의 높이를 불연속적으
로 변화시키면 불연속적인 값이 만들어지기도 하고 손을 한 지점에 갖다 댄 후 손의
높이를 위아래로 움직이면 연속적인 값의 변화도 만들어낼 수 있습니다.

그림 8-22 롤랜드(Roland)의 빔 컨트롤러 D-Beam

이렇게 해서 다양한 물리적 제어장치들에 대하여 알아보았습니다.

Chapter 09 소리의 제어 2 - 시간의 흐름에 따른 제어

음악을 보통 '시간의 예술'이라고들 이야기합니다. 시간의 흐름에 따른 소리의 변화가 음악을 구성하고 있기 때문입니다. 마찬가지로 소리도 시간의 흐름에 따라서 계속 변화가 생깁니다. 사람이 소리라고 인식을 하기 위해서는 적어도 1초에 20번 이상의 변화가 있어야만 합니다.

그렇기 때문에 소리의 제어에 있어서도 '시간의 흐름에 따른 제어'는 굉장히 중요한 방법 중의 하나입니다. 이번 장에서는 바로 '시간의 흐름에 따른 제어'에 대하여 알아보고자 합니다.

9.1 엔빌로프(Envelope)

엔빌로프(Envelope)는 우리말로 '봉투, 싸개'라는 뜻인데요.

예를 들어 물이나 모래와 같은 것을 네모난 봉투에 넣게 되면 네모난 모양이 되고 세모난 모양의 봉투에 넣으면 세모가 되는 것과 같이 형태가 없는 소리를 엔빌로프 (Envelope)에 넣으면 그 모양의 특성을 갖게 되는 것입니다.

엔빌로프를 사운드 디자인에 적용할 때는 크게 두 가지의 방법을 사용할 수 있는데요.

거시적 차원의 방법과 미시적 차원의 방법이 있을 수 있습니다.

거시적 차원의 방법은 보통 오토메이션이라고 부르기도 하는데요.

Audacity를 이용하여 실험을 해보도록 하겠습니다.

Step 1. Audacity를 실행하고 좋아하는 음악을 하나 불러오도록 합니다.
Step 2. 다음 그림과 같이 Envelope Tool을 선택합니다.

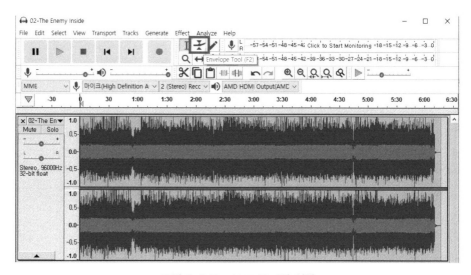

그림 9-1 Envelope Tool의 선택

Step 3. Envelope Tool을 선택하면 커서(Cursor)가 위아래의 삼각형으로 바뀌게 되는데요. 원하는 지점을 클릭하면 클릭한 곳에 포인트가 생기게 됩니다. 이렇게 음량을 변화시키고자 하는 곳에 포인트들을 만들고 클릭하여 엔빌로프의 모양을 변화시키면 음량의 변화를 만들 수 있습니다.

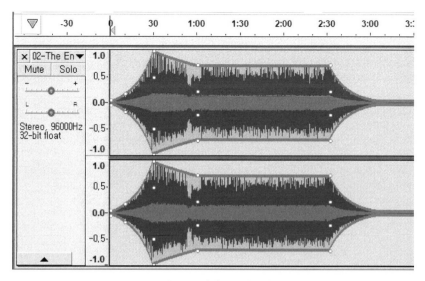

그림 9-2 엔빌로프의 적용

저는 음악의 시작 위치부터 30초 지점까지 소리가 서서히 커지다가 1분이 되는 지점까지 서서히 줄어들게 설정을 하였습니다. 그리고 1분부터 2분 30초까지 그 음량이 유지되다가 2분 30초부터 3분이 될 때까지 음량이 서서히 줄어들게 하였습니다.

이것은 긴 음악에 대하여 시간의 흐름에 따라 음량이 변하게 적용을 한 사례입니다. Audacity에는 아쉽게도 그런 기능을 갖추고 있지 않지만 요즘 출시되는 대부분의 사운드 편집 소프트웨어의 경우는 음량뿐만 아니라 음고나 음색에 대해서도 이와 같은 엔빌로프의 적용이 가능합니다. 음고와 음색에 대한 엔빌로프의 적용은 잠시 후 퓨어 데이터를 이용하여 실험을 해볼 것입니다.

앞서 설명한 방법이 거시적인 방법으로 엔빌로프를 적용한 사례라면 이제부터는 미시적인, 즉 작은 단위의 사운드에 엔빌로프를 적용하는 방법에 대해서 퓨어 데이터를 이용하여 알아보도록 하겠습니다.

보통 작은 단위의 사운드에 엔빌로프를 적용하는 것은 전자악기의 사운드를 디자인할 때 많이 사용이 됩니다. 그리고 다음과 같은 4개의 요소에 대한 이해가 필요합니다. 또한 이와 같이 사용이 되는 경우 엔빌로프를 4개의 요소의 첫 글자를 따서 ADSR이라고 부르기도 합니다.

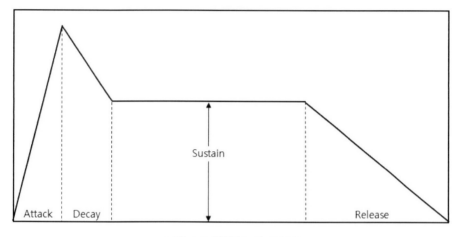

그림 9-3 엔빌로프의 요소들

• Attack : 어택은 게이트가 On된 시점(또는 트리거가 발생된 시점)부터 엔빌로프의 최댓값까지 도달하는 데 걸리는 시간을 의미합니다.
• Decay : 디케이는 엔빌로프의 최댓값에 도달한 이후 서스테인(Sustain) 레벨까지 내려오는 데 걸리는 시간을 의미합니다.
• Sustain : 서스테인은 나머지 3요소인 어택, 디케이, 릴리즈가 시간이라는 개념을 사용하는 것과는 다르게 레벨이라는 개념을 사용합니다. 서스테인은 게이트가 On 되어 있는 동안 엔빌로프가 유지되는 정도를 의미합니다.
• Release : 릴리즈는 게이트가 Off되었을 때 서스테인 레벨로부터 0이 될 때까지 걸리는 시간을 의미합니다.

게이트 타입이 아닌 트리거 타입이 사용된 경우에는 어택, 디케이, 릴리즈로 연결이 될 수도 있습니다.

요소에 대한 설명을 보면 ADSR을 사용할 때는 게이트 또는 트리거와 같은 스위치 제어와 함께 사용되는 것을 알 수 있습니다.

그럼 이제부터 퓨어 데이터를 이용하여 엔빌로프를 사용해보도록 하겠습니다.

:: 엔빌로프를 음량에 적용

우선 다음 그림과 같이 패치를 작성하고 오디오 신호 처리를 체크한 후 뱅(Bang) 버튼을 클릭하여 소리를 확인해봅시다.

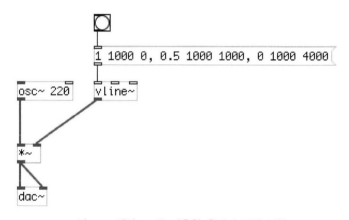

그림 9-4 엔빌로프를 이용한 음량의 변화 실험

뱅(Bang)을 클릭하면 소리가 서서히 커졌다가 서서히 줄어들고 그 음량이 유지되었다가 서서히 사라질 것입니다. 이는 그림 9-3에서 설명한 엔빌로프와 유사합니다.

이 실험에서 사용된 [vline~]이라는 객체는 사운드와 관련이 되어 있는 명령 객체이며 메시지 상자에서 설정한 값에 따라서 시간에 따라서 값을 연속적으로 변화시키는 역할을 합니다.

그렇다면 메시지 상자의 의미만 이해하면 될 거 같네요.

메시지 상자는 3개씩의 숫자가 쉼표로 묶여 있는 것을 확인할 수 있습니다.
제일 처음의 값은 목푯값이고 두 번째 값은 목푯값에 도달하는 데 걸리는 시간입니다.
여기서의 시간은 밀리초(ms)로 1/1,000초 단위를 사용합니다. 그리고 마지막 값은
3개의 값이 적용될 시간을 의미합니다.
그럼 그림 9-4의 메시지 상자를 해석해보겠습니다.

- 1 1000 0 – 0초, 즉 뱅이 클릭되는 순간에 적용이 되며 1,000ms(1초) 동안 1이라는
  값까지 변화됩니다.
- 0.5 1000 1000 – 뱅이 클릭되고 1초 뒤에 적용이 되며 1,000ms(1초) 동안 0.5라는
  값까지 변화됩니다.
- 0 1000 4000 – 뱅이 클릭되고 4초 뒤에 적용이 되며 1,000ms(1초) 동안 0이라는
  값까지 변화됩니다.

이것을 9-3의 그래프에 대응하면 다음과 같습니다.

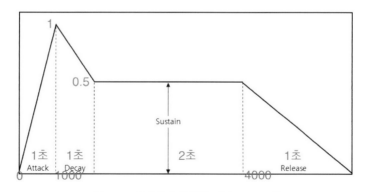

그림 9-5 예제에서 사용된 엔빌로프 그래프

:: 엔빌로프를 음고에 적용

이번에는 그림 9-4의 패치를 살짝 수정하여 시간의 흐름에 따라 음의 높이가 변화하는 패치를 만들어보겠습니다.

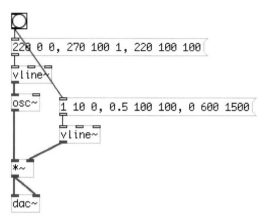

그림 9-6 엔빌로프를 음의 높이에 적용한 패치

그림과 같이 패치를 작성하였다면 오디오 신호 처리를 체크한 후 뱅(Bang) 버튼을 클릭하여 소리를 확인해봅시다. 음의 높이가 순간적으로 살짝 올라갔다가 원래의 음 높이로 되돌아오는 것을 확인할 수 있습니다. 이것은 신디사이저에서 동양적인 악기의 느낌을 연출하고자 할 때 흔히 사용되는 기법이기도 합니다.

위의 패치에서는 [vline~]을 [osc~]의 음높이를 조절하는 데 사용을 하였습니다. 그럼 [vline~]의 메시지 상자 분석을 통해 [osc~]의 음높이가 어떻게 변화되는지 확인해보도록 하겠습니다.

• 220 0 0 - 뱅이 클릭되자마자 220이라는 값으로 바로 올라갑니다. 이는 220Hz의 음높이 설정이 됩니다.

• 270 100 1 - 1ms (1/1000초) 후에 0.1초 동안 270까지 값이 올라갑니다. 다시 말해서 270Hz까지 음높이가 올라가게 됩니다.

• 220 100 100 − 0.1초(100ms) 후에 0.1초(100ms) 동안 220으로 값이 내려갑니다. 220Hz의 원래 음으로 되돌아가게 되는 것입니다.

또한 뱅이 음량을 조절하는 메시지 상자에도 연결이 되어 있어서 뱅을 누르면 2.1초 (2100ms, 1500ms 후에 600ms 동안 0으로 값이 변함)의 사운드가 생성이 됩니다.

그림 9-6의 패치를 수정해가면서 여러분만의 사운드를 만들어보고 엔빌로프와 [vline~] 명령 객체에 익숙해지도록 해보시길 바랍니다.

:: 엔빌로프를 음색에 적용

이번에는 엔빌로프를 이용하여 시간의 흐름에 따라서 소리의 밝기가 변화하는 패치를 만들어보도록 하겠습니다. 이번 패치에서는 새로운 명령 객체들이 여러 개 등장을 하니 조금 집중해주시기 바랍니다.

우선 다음과 같이 패치를 만들어보기 바랍니다.

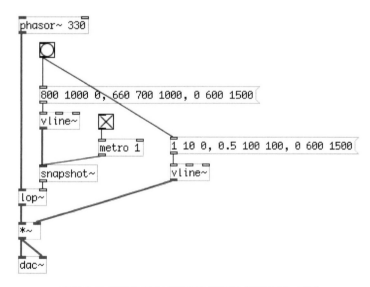

그림 9-7 엔빌로프를 이용하여 음색을 변화시키는 패치

우선 그전까지는 [osc~]라는 객체를 이용하여 사인파를 생성해냈었는데 사인파는 배음이 기음밖에 없기 때문에 소리의 밝기(음색)를 조절하기에 적합하지 않습니다. 그래서 모든 정수배의 배음을 가지고 있는 톱니파를 생성하는 [phasor~]라는 명령 객체를 사용하였으며 330Hz의 음높이를 갖도록 설정을 하였습니다.

다음으로는 [lop~]라는 객체를 사용하였는데요. [lop~]는 Low Pass Filter 객체 입니다.

정확하게는 −6dB/Octave의 기울기를 갖는 1Pole Low Pass Filter입니다. 그리고 오른쪽 입력을 통해서는 Fc를 조절하게끔 되어 있어서 이 부분에 [vline~]을 통해서 차단 주파수가 시간에 흐름에 따라서 변화되게끔 설정하였습니다.

그런데 여기서 뭔가 새로운 객체들이 등장을 했습니다.

[vline~]에서 만들어내는 값은 오디오 신호입니다. 그런데 [lop~]의 Fc 입력은 float이라고 하는 일반적인 신호값을 사용합니다. 그렇기 때문에 [vline~]에서 [lop~] 의 Fc 입력으로 바로 연결이 되지 않죠.

그래서 오디오 신호를 일반적인 신호로 바꿔줘야 하는데 이를 위해서 [snapshot~] 과 [metro] 객체를 사용하였습니다.

[snapshot~]은 외부에서 Bang 이 들어오는 순간의 오디오 값을 일반적인 신호값 (float)으로 보여주는 객체이며 [metro]는 일정한 시간마다 Bang을 생성해주는 객체입니다. [metro 1]이라고 설정을 해서 1ms(1/1000초)마다 Bang이 생성되도록 하였습니다. 따라서 [vline~]에서 만들어내는 값을 1ms 단위로 [lop~]의 오른쪽 입력에 보내도록 한 것입니다.

참고로 [metro] 객체는 토글 스위치를 통해서 온이 되어야 작동을 하게 되어 있어서 [metro 1] 객체 위에 토글 스위치를 연결하고 스위치를 켜 놓았습니다.

그림과 같이 패치를 작성하였다면 오디오 신호 처리를 체크한 후 뱅(Bang) 버튼을 클릭하여 소리를 확인해봅시다. 소리의 밝기가 점점 밝아지다가 점점 어두워지고 나중에는 아주 어두워지면서 소리가 사라지는 것을 확인할 수 있습니다.

앞의 패치에서는 [vline~]을 [phasor~]의 음색을 조절하는 데 사용을 하였습니다. 그럼 [vline~]의 메시지 상자 분석을 통해 [phasor~]의 음색이 어떻게 변화되는지 확인해보도록 하겠습니다.

- 800 1000 0 – 뱅이 클릭되자마자 1초 동안 Fc 값이 0부터 800까지 변화됩니다.
- 660 700 1000 – 뱅이 클릭된 후 1초 (1,000ms) 후에 0.7초 동안 800에서 660으로 값이 변화됩니다.
- 0 600 1500 – 뱅이 클릭된 후 1.5초(100ms) 후에 0.6초(600ms) 동안 0으로 값이 내려갑니다.

그림 9-7의 패치를 수정해가면서 여러분만의 사운드를 만들어보고 엔빌로프와 [lop~] 명령 객체에 익숙해지도록 해보시길 바랍니다.

9.2 LFO

LFO는 Low Frequency Oscillator의 약자로 우리말로는 저주파 발진기라고 번역이 됩니다. 저주파 발진기라고 하니 굉장히 공학적이거나 혹은 물리치료기가 떠오를 수도 있는데요. 간단히 설명을 하면 비브라토, 즉 떨림을 만들어내는 장치라고 할 수 있습니다. 떨림을 만들어내기 위하여 오실레이터(Oscillator, 발진기)를 사용하는 것이죠.

그렇다면 아주 단순한 비브라토에 대해서 생각해보도록 하겠습니다.

여러분들이 기타(Guitar)를 연주하고 있다고 상상해봅시다. 어떤 지판에 손가락을 올려놓고 현을 튕겨 원하는 피치를 만들어낸 후 손가락으로 기타 현을 위아래로 움직이면 피치가 올라갔다가 원래의 피치로 돌아오기를 반복하며 비브라토가 만들어지게 됩니다. 현을 위아래로 움직이는 빠르기를 조절하면 떨림의 빠르기가 조절이 되고 현을 위아래로 크게 움직이면 피치도 크게 변화가 될 것입니다. 또한 움직이는 속도의 패턴에 따라서도 비브라토에 변화가 생기게 되죠. (이와 같은 비브라토를 쵸킹 비브라토라고 합니다.)

위의 설명을 통해 이미 LFO의 요소에 대한 설명이 모두 끝났습니다.
그럼 실제 LFO의 요소들을 위의 설명과 함께 다뤄보도록 하겠습니다.

- LFO Offset – 비브라토, 떨림의 기준이 되는 값으로 위의 예에서는 지판에 손가락을 올려 원하는 피치를 만들어냈을 때, 만들어낸 피치가 바로 LFO Offset의 의미를 갖습니다.
- LFO Speed – 비브라토, 떨림의 속도로써 위의 예에서는 현을 위아래로 움직이는 빠르기가 이에 해당이 됩니다. LFO Speed는 0~10Hz(1초에 10번 이내의 떨림)의

값을 주로 사용합니다.

- LFO Depth – 비브라토, 떨림의 깊이로써 위의 예에서는 현을 위아래로 얼마나 크게 움직일 것인가에 해당이 됩니다.
- LFO Shape – 비브라토, 떨림의 형태로써 위의 예에서는 움직이는 속도의 패턴에 해당이 됩니다. 보통 자연스러운 떨림을 만들어낼 때는 사인파의 LFO Shape을 많이 사용하게 됩니다.

그럼 이제 퓨어 데이터를 이용하여 LFO에 대한 실험을 하고 감각을 익혀보도록 하겠습니다.

:: LFO를 이용한 음량의 제어

LFO를 구현하기 전에 330Hz의 사인파를 만들어내는 패치를 다음과 같이 만들어놓겠습니다.

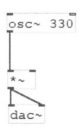

그림 9-8 330Hz의 사인파 만들기

그럼 이제부터 LFO를 만들어보도록 하겠습니다. LFO Shape은 가장 흔히 사용되는 사인파를 사용하겠습니다. LFO를 만들기 위한 [osc~] 객체를 생성하고 슬라이더를 하나 생성하여 연결하고 슬라이더의 속성은 그림 9-9와 같이 설정합니다.
이제 LFO Shape은 사인으로, LFO Speed는 0~10Hz 사이를 슬라이더로 조정할 수 있도록 설정이 되었습니다.

그림 9-9 LFO 구성을 위한 [osc~]와 [hslider]의 구성

다음으로는 얼마나 깊게 떨릴 것인가를 조절하는 LFO Depth를 구현해보도록 하겠습니다. 이를 위하여 [*~]와 [vslider]를 생성하고 [vslider]의 속성을 다음과 같이 설정합니다.

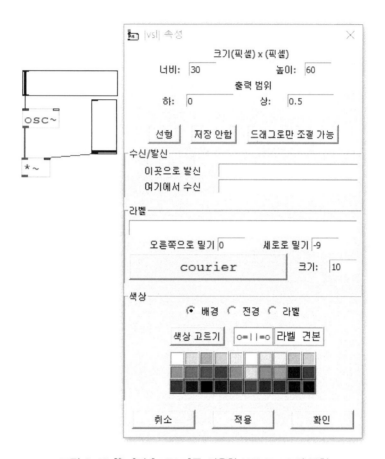

그림 9-10 [*~]과 [vslider]를 이용한 LFO Depth의 구현

마지막으로 LFO Offset을 구현해보도록 하겠습니다. LFO Offset은 [＋~]와 [hslider]를 이용하여 구현해보겠습니다. [＋~]와 [hslider] 객체를 만들고 다음 그림과 같이 연결 후 슬라이더의 속성을 설정합니다.

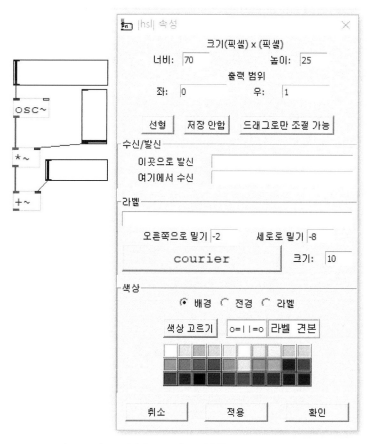

그림 9-11 [+~]와 [hslider]를 이용한 LFO Offset의 구현

이제 LFO의 구현을 마쳤으므로 LFO로 음량을 변화시키게끔 마지막 연결을 해보도록 하겠습니다.

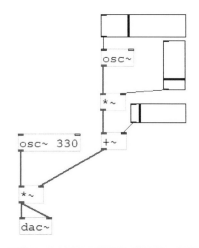

그림 9-12 LFO로 음량을 제어하는 패치

이제 오디오 신호 처리를 체크해보겠습니다. 아직은 아무런 소리가 나지 않습니다.
왜냐하면 Offset과 Depth가 모두 0이기 때문에 뮤트된 상태와 같은 상태이기 때문입
니다. 이제 [＋～]와 연결된 LFO Offset 역할을 하는 슬라이더를 오른쪽으로 움직여
봅시다. 소리가 점점 커지기 시작할 것입니다. 그런데 아직 떨림이 발생하고 있지는
않습니다. 그럼 이번에는 [＊～]와 연결된 LFO Depth의 역할을 하는 세로 슬라이더
를 위로 올려 봅시다. 그런데 아직도 떨림이 발생하지는 않네요. 그 이유는 아직 LFO
Speed가 0이기 때문입니다. 마지막으로 LFO Speed에 해당하는 [osc～]와 연결된
가로 슬라이더를 오른쪽으로 움직이면 비브라토가 생기기 시작합니다.

:: LFO를 이용한 음높이의 제어

LFO를 이용하여 음높이를 제어하는 패치는 다음 그림과 같습니다.

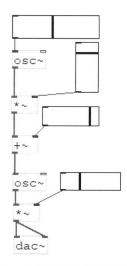

그림 9-13 LFO를 이용한 음높이의 제어 패치

앞선 실험에 사용된 패치와 LFO 파트는 똑같아 보이는데요. 다만 LFO Depth와 LFO Offset을 담당하는 슬라이더의 속성값을 변경할 필요가 있습니다.

저는 다음과 같은 속성값을 사용하였습니다.

- LFO Speed – [osc~]와 연결된 가로 슬라이더
  출력범위 좌 : 0, 우 : 15
  좀 더 격렬한 떨림의 효과까지 사용하기 위하여 최댓값을 15Hz로 조정하였습니다.
- LFO Depth – [*~]와 연결된 세로 슬라이더
  출력범위 하 : 0, 상 : 30
  Offset으로부터 30Hz 위아래로 음높이의 변화가 생기게 됩니다. 예를 들어 Offset
  이 200Hz로 설정되었다면 170~230Hz 사이로 떨림이 발생하게 됩니다.
- LFO Offset – [+~]와 연결된 가로 슬라이더
  출력범위 좌 : 0, 우 : 440

Offset을 이용하여 기본적인 음높이를 0Hz부터 440Hz 사이로 조절할 수 있습니다.

참고로 음량을 조절하기 위한 [*~]에 연결된 가로 슬라이더는 좌: 0 우: 1로 설정을 하여 최종 음량을 조절할 수 있도록 하였습니다.

이제 오디오 신호 처리를 체크하고 각각의 슬라이더를 움직이며 LFO가 음높이를 조절하는 것에 대한 감을 익혀보시길 바랍니다.

:: LFO를 이용한 음색의 제어

LFO를 이용하여 음색을 제어하기 위하여 다음과 같은 패치를 구성해봅시다.

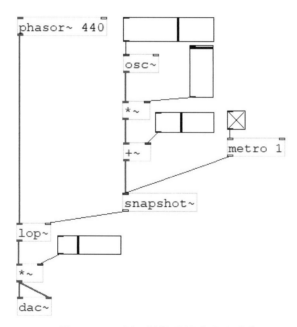

그림 9-14 LFO를 이용한 음색의 제어 패치

앞서 엔빌로프를 이용한 음색의 제어와 마찬가지로 이번에도 음색을 제어해야 하기 때문에 소리의 재료는 [phasor~] 객체를 이용하여 440Hz의 톱니파를 사용하였습니다. 그리고 [lop~] 객체를 이용하여 Low Pass Filter를 통과시켰으며 Fc 값을 LFO를 이용하여 소리가 밝아졌다 어두워지기를 반복하게끔 구성하였습니다.

여기서 LFO의 요소는 다음과 같이 설정하였습니다.

- LFO Speed - [osc~]와 연결된 가로 슬라이더
  출력범위 좌 : 0, 우 : 15
  좀 더 격렬한 떨림의 효과까지 사용하기 위하여 최댓값을 15Hz로 조정하였습니다.
- LFO Depth - [*~]와 연결된 세로 슬라이더
  출력범위 하 : 0, 상 : 400
  Offset으로부터 400Hz 위아래로 음높이의 변화가 생기게 됩니다.
- LFO Offset - [+~]와 연결된 가로 슬라이더
  출력범위 좌 : 0, 우 : 1000
  Offset을 이용하여 Fc 값을 0Hz부터 1,000Hz 사이로 조정할 수 있게끔 설정하였습니다.

참고로 음량을 조절하기 위한 [*~]에 연결된 가로 슬라이더는 좌: 0 우: 1로 설정을 하여 최종 음량을 조절할 수 있도록 하였습니다.

이제 오디오 신호 처리를 체크하고 각각의 슬라이더를 움직이며 LFO가 음색을 조절하는 것에 대한 감을 익혀보시길 바랍니다.

9.3 조합된 형태

앞서 우리는 엔빌로프와 LFO를 이용하여 소리의 3요소를 제어하는 방법에 대하여 살펴보았습니다. 그리고 LFO를 이용하여 비브라토를 흉내 낼 수 있다는 것에 대해서도 알아보았습니다. 그런데 LFO로 비브라토를 흉내 내기에는 아직 너무 많이 아쉬움이 남습니다. 예를 들어 우리가 흔히 접하는 비브라토는 떨림의 깊이가 서서히 깊어지는 형태입니다. 그런데 앞서 우리가 했던 실험은 그 값은 물리적 제어장치인 슬라이더에 의존했습니다. 그런데 떨림의 깊이가 서서히 깊어진다는 의미는 LFO Depth(떨림의 깊이), 그리고 엔빌로프(서서히 깊어진다.)와 관련이 있어 보입니다.

그렇습니다. LFO와 엔빌로프를 조합하면 훨씬 더 재미있고 의미 있는 사운드를 만들어낼 수 있습니다. 이번에는 이렇게 엔빌로프와 LFO를 조합하는 방법에 대하여 공부하도록 하겠습니다.

그럼 우선 방금 전 이야기했던 떨림의 깊이가 서서히 깊어지는 것을 LFO Depth와 엔빌로프를 이용하여 구현해보도록 하겠습니다.

우선 그림 9-12의 패치를 수정하여 다음과 같은 패치를 구성합니다.

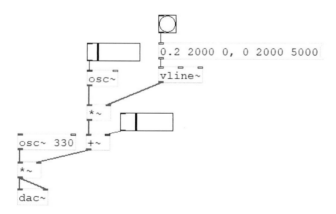

그림 9-15 떨림의 깊이가 서서히 깊어졌다가 서서히 떨림이 사라지는 패치

그림 9-15를 보면 엔빌로프로 LFO의 깊이(Depth)를 조절하게끔 패치가 구성되어 있는 것을 확인할 수 있습니다. 이와 같은 기법은 신디사이저에서 자연스러운 비브라토를 표현해내기 위해서 자주 사용되는 기법이기도 합니다.

하지만 사운드 디자인에서는 다양한 창의적 경험과 시도들이 중요한 만큼 지금까지 공부한 내용을 참고로 하여 LFO Speed나 LFO Offset에도 엔빌로프를 적용해보기 바랍니다. (LFO Speed에 엔빌로프를 적용하면 서서히 떨림의 속도가 빨라지거나 느려지게 할 수 있습니다.)

또한 음량뿐 아니라 그림 9-13과 그림 9-14를 변형하여 음높이나 음색에 걸린 LFO의 요소들에도 엔빌로프를 적용해보시기 바랍니다.

이와 같은 실험들을 구현하는 과정을 통하여 LFO와 엔빌로프(Envelope)에 대한 감각을 확장하고 새로운 창의적인 아이디어들을 얻을 수 있을 것입니다.

Chapter 10 소리의 제어 3 – 소리로 소리를 제어한다

이번 장에서는 소리의 제어, 그 마지막 주제로 소리를 이용하여 소리를 제어하는 방법에 대해서 다루도록 할 것입니다. '소리에 의한 소리의 제어'라고도 이야기하며 제어를 하기 위한 소리를 제어 사운드(Control Sound 또는 Control Source라고도 합니다.), 제어가 되는 소리를 타깃 사운드(Target Sound 또는 Target)라고 합니다. 그런데 소리는 그 안에 음량, 음고, 음색의 3요소를 갖추고 있기 때문에 '소리에 의한 소리의 제어'에서 Control Source와 Target Source는 각각 음량, 음고, 음색이 되며 따라서 소리로 소리를 제어하는 경우의 수는 다음과 같이 모두 9가지가 됩니다.

		Control Source		
		음량	음고	음색
Target	음량	음량으로 음량제어	음량으로 음고제어	음량으로 음색제어
	음고	음고로 음량제어	음고로 음고제어	음고로 음색제어
	음색	음색으로 음량제어	음색으로 음고제어	음색으로 음색제어

10.1 Control Source 1 – 음량

첫 번째 컨트롤 소스는 소리의 크기, 즉 음량입니다. 소리의 크기에 따라서 타깃 사운드의 음량이 변화되거나 음고에 변화가 생기거나 음색의 변화를 만들어낼 수 있습니다.

10.1.1 음량으로 음량을 제어

:: 컴프레서(Compressor)

소리로 소리를 제어하는 가장 일반적인 방법은 음량으로 음량을 제어하는 경우입니다. 그중에서도 제일 흔한 기법은 컴프레서(Compressor)인데요. 컴프레서의 구조는 다음 그림과 같습니다.

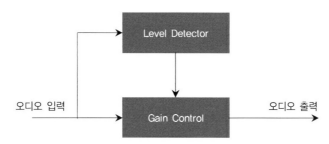

그림 10-1 컴프레서(Compressor)의 구조와 동작 원리

컴프레서의 경우 Level Detector가 입력되고 있는 소리의 크기를 감지하여 그 크기가 일정한 값(Threshold) 이상이 되면 입력되고 있는 소리의 크기를 일정한 비율(Ratio)로 줄여주는 역할을 합니다. 그래서 결국 출력된 오디오 신호는 원래의 신호보다 좁은 다이나믹 레인지(Dynamic Range)를 갖게 되며 안정된 사운드를 얻을 수 있습니다.

그렇다면 실험을 통하여 컴프레서의 사용방법과 그 결과물을 확인해보도록 하겠습니다. 컴프레서가 아주 일반적인 사운드 프로세서 중의 하나이기에 Audacity에도 컴프레서 기능을 갖추고 있습니다. 그래서 이번 실험은 Audacity를 이용하여 진행하도록 하겠습니다.

Step 1. Audacity를 실행하고 여러분의 음성을 녹음하도록 합니다.

Step 2. Effect → Normalize를 실행하여 DC 성분 제거와 Normalize를 적용합니다.

Step 3. 소리의 비교 청취를 위해서 Edit → Duplicate를 실행합니다. 실행하고 나면 같은 트랙이 복사되어 아래에 하나의 트랙이 더 만들어지게 됩니다.

그림 10-2 Duplicate를 실행한 뒤의 모습

Step 4. 두 번째 트랙의 사운드를 전체 선택하고(트랙에서 더블 클릭을 하면 그 트랙의 사운드 전체가 선택됩니다.) Effect → Compressor를 선택합니다.

Step 5. 다음과 같은 Compressor 메뉴창이 나타납니다.

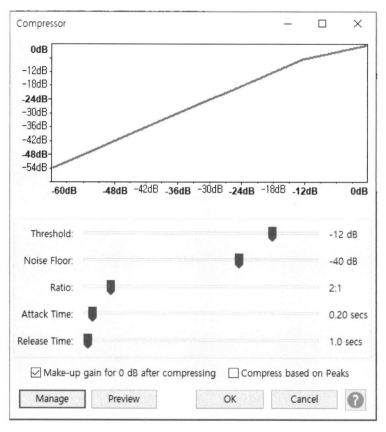

그림 10-3 Compressor 메뉴창

- Threshold : 그림 10-1의 Level Detector에서 하는 일로 이 값보다 클 경우 입력되는 사운드를 제어하게 됩니다.
- Noise Floor : Compressor를 통과하고 있는 사운드의 노이즈 레벨을 Compressor에게 알려줘서 노이즈에 해당하는 부분에 대해서 Compressor가 적용되지 않게 합니다. (정확하게 표현하자면 Make-up Gain이 적용되지 않는 것입니다.)
- Ratio : Gain Control 파트에서 하는 일로 Level Detector에서 Threshold 이상의 값이 감지되면 입력되고 있는 사운드를 일정한 비율로 줄여주는 역할을 합니다.

2 : 1이라고 설정되어 있다면 입력되고 있는 사운드의 음량을 반으로 줄여줍니다.

- Attack Time : 입력되는 사운드가 Threshold를 넘어갔을 때 얼마큼 빨리 Gain Control을 동작시킬 것인가를 설정합니다. 0.20으로 설정되어 있다면 입력되는 사운드가 Threshold를 넘어서고 나서 0.2초 후부터 Gain Control이 동작을 하게 됩니다.

- Release Time : 입력되는 사운드가 Threshold를 넘었다가 돌아왔을 때 얼마나 빨리 Gain Control의 동작을 멈출 것인가를 설정합니다. 1.0으로 설정이 되어 있다면 입력되는 사운드가 Threshold를 넘었다가 Threshold 아래로 떨어지고 나서 1초 후에 Gain Control 동작을 멈추게 합니다.

- Make-Up Gain for 0dB after Compressing : 이 부분이 체크되어 있지 않은 경우 컴프레서를 통과한 사운드는 원래의 사운드보다 작은 소리가 나게 됩니다. 그런데 이 옵션이 체크되면 컴프레서를 통해서 줄어든 음량을 다시 키워주게 되는데 이 과정을 거치고 나면 Threshold 보다 작은, 즉 Gain Control의 영향을 받지 않은 사운드가 상대적으로 커지는 효과가 생기게 됩니다. 따라서 큰 소리와 작은 소리의 차이가 줄어든 데다가(다이나믹 레인지가 줄어들었다고 합니다.) 전체적으로 음량을 키우게 되어 작은 소리는 컴프레서를 사용하기 전에 비해 상대적으로 소리가 더 커지는 셈이 됩니다. 그리고 우리가 느끼기에는 소리가 전체적으로 가까워진 느낌이 들게 됩니다.

- Compress based on Peaks : Level Detector가 소리의 크기를 감지할 때 소리의 평균 에너지(RMS, Root Mean Square)를 이용할 것인지 아니면 피크값(Peak)을 사용할지를 설정합니다. 이 옵션이 체크되면 피크값(Peaks)을 소리의 크기를 감지하는 기준으로 사용하게 되며 이 경우 약간 거칠지만 훨씬 더 극적인 효과를 얻을 수 있습니다.

이제 각각의 파라미터를 조작하면서 Preview를 통해서 소리의 변화를 확인해봅시다. 녹음된 여러분의 목소리가 충분히 가까이 다가온 느낌이 들도록 각 파라미터를 조절해보세요.

컴프레서는 특히 믹싱이나 마스터링 분야에서 아주 강력한 사운드 프로세싱 도구입니다. 따라서 시중에 나와 있는 믹싱이나 마스터링 관련 서적을 통해서 더욱 다양한 컴프레서의 사용방법과 활용방법을 알 수 있을 것입니다.

:: 덕킹(Ducking)

덕킹(Ducking)은 권투에서 상대의 공격을 피하기 위해 허리를 구부리고 머리를 낮추는 동작을 의미하는데요.

두 개의 사운드를 이용해서 하나의 사운드(Control Source)의 음량이 커지면 다른 하나의 사운드(Target Sound)의 크기가 작아지는 것이 마치 공격을 피해서 머리를 낮추는 것과 비슷하다고 하여 붙여진 이름이라고 합니다.

덕킹의 구조와 원리는 컴프레서와 아주 비슷하나 차이가 있다면 컴프레서에서는 컨트롤 소스와 타깃 사운드가 같은 반면 덕킹은 컨트롤 소스와 타깃 사운드가 다르다는 것입니다. 다음의 그림을 보면 컴프레서와의 차이점과 함께 덕킹의 구조와 원리를 쉽게 이해할 수 있을 것입니다.

그림에서 보면 컴프레서에서 Level Detector로 들어가는 오디오 입력을 기존의 입력이 아닌 컨트롤 소스로 바꿔놓은 것을 알 수 있습니다. 그래서 이와 같은 방식의 사운드 프로세싱을 '사이드 체인'이라고 부릅니다.

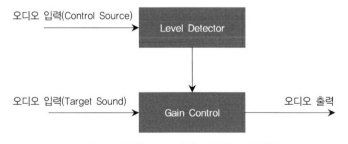

그림 10-4 덕킹(Ducking)의 구조와 동작 원리

이번에도 Audacity를 이용하여 Ducking 실험을 해보도록 하겠습니다.

Step 1. Audacity를 실행하고 음악 파일을 하나 불러옵니다.

Step 2. 새로운 트랙을 하나 만들고 (Track → Add New → Mono Track) 여러분의 목소리를 녹음합니다. (이왕이면 Step 1에서 불러온 음악과 어울리는 멘트를 녹음하는 것이 좋을 것 같네요.)

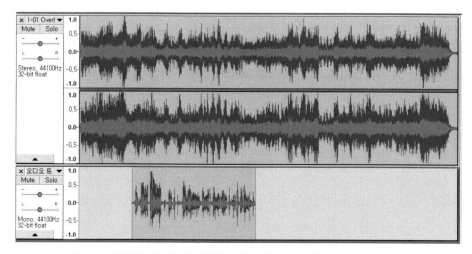

그림 10-5 음악을 불러온 첫 번째 트랙과 내 목소리가 녹음된 두 번째 트랙

Step 3. 첫 번째 트랙을 선택하고 Effect → Auto Duck을 실행합니다. Audacity에서 덕킹을 실행할 때는 선택된 트랙이 타깃 사운드(Target Sound)가 되고 선택된 트랙의 바로 아래에 위치한 트랙이 컨트롤 소스(Control Source)가 됩니다.

Step 4. Auto Duck을 실행하면 다음과 같은 메뉴창이 나타납니다.

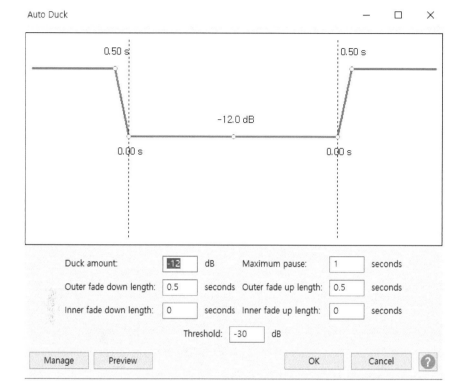

그림 10-6 Auto-Duck 메뉴창

덕킹도 컴프레서와 유사한 동작방식을 가지고 있습니다. 따라서 컨트롤 소스의 음량이 Threshold를 넘어서게 되면 Duck amount만큼 타깃 사운드의 음량을 줄이게됩니다. 위의 예에서는 컨트롤 소스의 음량이 -30dB보다 크면 타깃 사운드의 음량을 -12dB로 줄입니다. 그리고 Fade down length를 이용해 컨트롤 소스의 음량이Threshold를 넘어섰을 때 타깃 사운드의 음량이 서서히 줄어들거나 반대의 경우 음량이 서서히 커지는 정도를 조절할 수 있습니다.

이제 설정을 마쳤다면 OK를 클릭합니다.

덕킹을 실행하고 난 다음의 사운드는 다음과 같이 바뀝니다.

사운드를 확인하면 마치 여러분이 라디오 디제이가 된 것처럼 여러분의 목소리 크기에 따라서 음악의 크기가 변화하는 것을 확인할 수 있습니다.

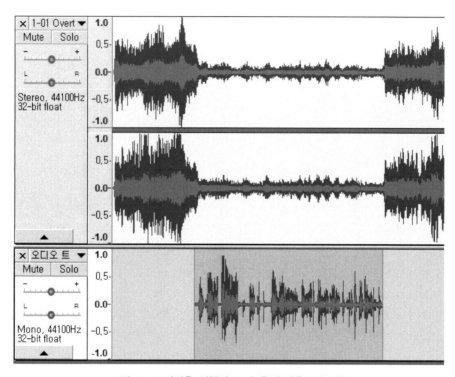

그림 10-7 덕킹을 실행하고 난 후의 사운드의 변화

덕킹은 방금 전 실험과 같이 음악과 멘트의 음량을 자동으로 매칭시킬 때 가장 자주 사용이 되지만 전자음악에서는 베이스 드럼의 사운드에 따라서 스트링이나 패드소리가 급격하게 줄어들도록 하는 등의 방법들도 즐겨 사용되고 있습니다.

10.1.2 음량으로 음고를 제어

이제부터 설명할 방법들은 일반적으로 사용되는 방법은 아닙니다. 하지만 인터랙티브 뮤직이나 실험적인 음악, 사운드에서는 아주 재미있는 효과를 만들어낼 수 있는 방법이기도 합니다.

일반적으로 사용이 되지 않는 방법이라고 하는 것은 우리의 상상력이 조금 필요할 수도 있습니다. 그래서 재미있는 상상을 하나 해보도록 하겠습니다. 여기 하나의 사인파가 있습니다. 그리고 여러분이 큰 소리를 내면 그 사인파의 음높이는 올라가고 작은 소리를 내면 그 사인파의 음높이는 내려갑니다.

이것이 과연 상상 속에서만 일어날 수 있는 일일까요?

이제부터 우리는 퓨어 데이터를 이용하여 이 상상을 구현해볼 것입니다.

우선 다음과 같은 패치를 만들어보겠습니다.

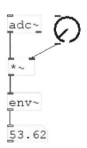

그림 10-8 목소리를 입력받아서 그 크기를 보여주는 패치

위의 패치는 컴퓨터와 연결된 마이크로 입력받은 소리의 크기를 숫자상자에 0부터 100의 크기로 보여주는 패치입니다.
[adc~]는 Analog to Digital Convertor라는 의미로 마이크로 입력된 아날로그 방식의 소리를 컴퓨터가 이해할 수 있는 디지털 신호로 바꿔주는 명령 객체입니다. 그런데 마이크를 통해서 들어온 소리가 음고를 제어할 만큼 충분히 크지 않을 수 있어

서 [*~]를 통해서 음량값을 키워주고 있습니다. 여기서 [knob]의 범위는 0부터 4로 설정하였습니다.

[env~]은 들어오는 신호의 크기를 0~100까지의 숫자로 변환해주는 역할을 합니다. 이제 오디오 신호 처리를 체크하고 마이크에 대고 소리를 내봅시다. 만약 숫자상자의 값의 변화가 그리 크지 않다면 노브를 조절해서 마이크로 입력된 여러분의 목소리 크기를 적절하게 키워주시기 바랍니다.

이제 음량으로 사인파의 음높이를 조절하도록 해보겠습니다.

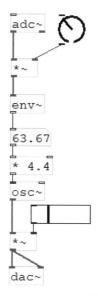

그림 10-9 목소리의 크기로 사인파의 음높이를 조절하는 패치

앞서 만든 패치의 [env~]을 통해서 만들어진 값에 4.4를 곱해서 0~440의 값이 만들어지도록 했으며 그 값을 [osc~]의 입력으로 사용하여 사인파의 음높이로 사용 되도록 하였습니다. 그리고 적정한 음량으로 듣기 위하여 마지막에 [*~]를 이용하여 최종 출력 음량을 조절하도록 하였습니다.

이제 오디오 신호 처리를 체크하고 마이크에 목소리를 입력하면 목소리의 크기에 따라서 음높이가 변하는 사인파를 확인할 수 있습니다.

처음 언급한 것처럼 이와 같은 기법은 일반적인 방법은 아닙니다. 하지만 여러분의 아이디어가 더해지면 굉장히 재미있는 다양한 결과물을 만들어낼 수 있을 것입니다.

10.1.3 음량으로 음색을 제어

음량으로 음색을 제어하는 것도 일반적으로 사용되는 방법은 아닙니다. 하지만 인터랙티브 뮤직이나 실험적인 음악, 사운드에서는 아주 재미있는 효과를 만들어낼 수 있는 방법이기도 합니다.

이번에도 앞서 했던 것과 마찬가지로 재미있는 상상을 하나 해보도록 하겠습니다. 여기 하나의 톱니파가 있습니다. 그리고 여러분이 큰 소리를 내면 그 톱니파의 음색이 밝아지고 작은 소리를 내면 그 톱니파는 어두운 소리로 변합니다.

정말 재미있는 상상 아닌가요?

그럼 이제부터 우리는 퓨어 데이터를 이용하여 이 상상을 구현해보도록 하겠습니다.

다음과 같은 패치를 만들어보겠습니다.

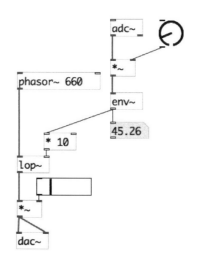

그림 10-10 음량으로 음색을 제어하는 패치

음량으로 음고를 제어하는 패치와 유사하지만 다만 [env~]를 통해서 만들어진 0~
100까지의 음량의 크기에 10을 곱해서 로우 패스 필터의 Fc를 0~1,000Hz까지 조
절하게끔 프로그래밍을 하였습니다.

패치를 실행하면 마이크로 들어오는 소리의 음량에 따라서 톱니파의 음색이 변화되는
것을 확인할 수 있습니다.

10.2 Control Source 2−음고

두 번째 컨트롤 소스는 소리의 높낮이, 즉 음고입니다. 소리의 높낮이에 따라서 타깃 사운드의 음량이 변화되거나 음고에 변화가 생기거나 음색의 변화를 만들어낼 수 있습니다.

10.2.1 음고로 음량을 제어

음고로 음량을 제어하는 것은 앞선 몇몇 예와 마찬가지로 일반적으로 사용되는 방법은 아닙니다. 하지만 인터랙티브 뮤직이나 실험적인 음악, 사운드에서는 아주 재미있는 효과를 만들어낼 수 있는 방법이기도 합니다.

이번에도 앞서 했던 것과 마찬가지로 재미있는 상상을 하나 해보도록 하겠습니다. 여기 하나의 사인파가 있습니다. 그리고 여러분이 높은 소리를 내면 그 사인파의 음량이 커지고 낮은 소리를 내면 그 사인파의 음량은 작아집니다.

일반적으로 사용되는 방법은 아니라고 하지만 정말 재미있는 상상이라는 생각이 듭니다.

그럼 이제부터 퓨어 데이터를 이용하여 상상을 현실로 만들어보겠습니다.

다음과 같은 패치를 만들어보겠습니다.

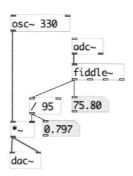

그림 10−11 음높이로 음량을 제어하는 패치

여기서는 [fiddle~]이라는 명령 객체가 새로 등장을 하였습니다. [fiddle~]은 입력 받은 오디오 신호의 음높이를 미디(MIDI) 규격의 노트 번호로 변환하여 줍니다. (미디 규격의 노트 번호는 가온다가 60이고 반음씩 올라갈 때마다 1씩 올라가고 반음씩 내려갈 때마다 1씩 내려가게 됩니다.) 여러분의 목소리가 낼 수 있는 음높이를 확인하기 위하여 [fiddle~] 객체와 숫자 상자를 연결하였습니다. 그 값을 기준으로 해서 적당한 음량이 만들어질 수 있게끔 나누기를 하였고 나눈 값이 어느 정도가 되는지를 확인하기 위해 다시 그 아래에 숫자 상자를 연결하였습니다.

여기서 나누는 값(예제에서는 95)은 여러분이 적절히 조정해보시기 바랍니다.

위의 패치를 실행하면 입력되는 음의 높이에 따라서 사인파의 음량이 변화될 것입니다.

10.2.2 음고로 음고를 제어

지금까지 너무 일반적이지 않은 방법들에 대한 이야기만 해서 자칫 지루하거나 힘들었을 수도 있겠네요. 이번에는 음의 높낮이로 타깃 사운드의 음높이를 제어하는 경우에 대해서 이야기를 해보겠습니다.

음높이로 음높이를 제어하는 대표적인 사례는 오토튠(Auto-Tune)이 있을 수 있는데요. 입력되는 사운드의 음높이를 정확한 음높이로 맞춰주는 기술입니다.

또 하나의 사례는 하모나이저가 있는데요. 컨트롤 소스의 사운드의 음높이를 기준으로 일정한 음정 위 또는 음정 아래의 음을 생성하여 하모니가 만들어지도록 하는 기술입니다.

여기서는 퓨어 데이터를 이용하여 간단한 하모나이저를 구현해보고자 합니다.

다음의 패치를 따라서 만들어봅시다.

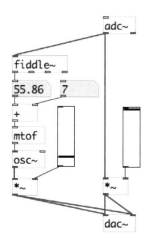

그림 10-12 간단한 하모나이저의 구현

위의 패치는 마이크를 통해 입력된 소리와 그 소리의 음정에 완전 5도 위(7개의 반음
만큼 높은)의 사인파가 같이 소리가 함께 소리가 나도록 만들어진 패치입니다.

앞서 설명한 것처럼 [fiddle~]은 입력되는 소리의 음높이를 미디(MIDI) 규격의 노
트 번호로 변환을 해줍니다. 그래서 [fiddle~]에서 만들어진 값에 7을 더하면 완전
5도 위의 노트 번호가 만들어집니다. 그리고 [mtof] 객체는 미디 규격의 노트 번호를
주파수로 변환해주는 명령 객체입니다. 따라서 [mtof]를 이용해서 변환된 주파수 값
을 [osc~]에 연결하면 완전 5도 위의 사인파를 만들어내게 됩니다.

또한 사인파의 음량과 마이크를 통해 들어온 소리의 음량을 슬라이더를 이용하여 각각
조절할 수 있도록 하여 좀 더 자연스러운 하모나이저 효과가 만들어지게 하였습니다.

이렇게 해서 음의 높이로 음의 높이를 제어하는 하모나이저를 아주 간략하게 구현해
보았습니다. 워낙 간단하게 구현을 하다 보니 나의 노래가 끝난 이후도 사인파의 소리
가 끊이지 않는다거나 하는 아쉬움들이 남습니다. 하지만 지금까지 만들어보았던 패
치의 기능들을 더 추가하면 좀 더 그럴듯한 하모나이저도 만들 수 있을 것입니다.
한번 시도해보시기 바랍니다.

10.2.3 음고로 음색을 제어

음고로 음색을 제어하는 것은 그리 일반적으로 사용되는 방법은 아닙니다. 하지만 인터랙티브 뮤직이나 실험적인 음악, 사운드에서는 아주 재미있는 효과를 만들어낼 수 있는 방법이기도 합니다.

이번에도 재미있는 상상을 하나 해보도록 하겠습니다.
여기 하나의 톱니파가 있습니다. 그리고 여러분이 높은 소리를 내면 그 톱니파의 음색이 밝아지고 낮은 소리를 내면 그 톱니파는 어두운 소리로 변합니다.

그럼 퓨어 데이터를 이용하여 이 상상을 구현해보도록 하겠습니다.

다음과 같은 패치를 만들어보겠습니다.

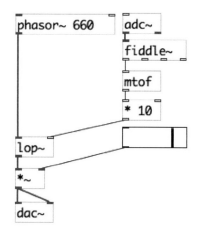

그림 10-13 음높이로 음색을 제어하는 패치

위의 패치는 지금까지 사용했던 객체들로만 구성이 되어 있습니다. 마이크를 통해서 입력된([adc~]) 사운드는 [fiddle~]을 통해서 그 음높이를 감지하고 미디 규격의

220

노트 번호를 생성해냅니다. 생성된 미디 규격의 노트 번호는 [mtof]를 통해서 주파수로 변환이 되고 그 값에 10을 곱해서 로우 패스 필터의 Fc 값을 좀 더 급격하게 변하게끔 하였습니다.

이제 위의 패치를 실행시켜서 테스트 해보고 여러분만의 더욱 재미있는 아이디어들을 만들어보시길 바랍니다.

10.3 Control Source 3 – 음색

세 번째 컨트롤 소스는 소리의 밝기, 즉 음색입니다. 소리의 밝기에 따라서 타깃 사운드의 음량이 변화되거나 음고에 변화가 생기거나 음색의 변화를 만들어낼 수 있습니다.

10.3.1 음색으로 음량을 제어

음색으로 음량을 제어하는 방법은 여러 가지가 있습니다. 예를 들어 특정 주파수의 성분의 크기에 따라 음량을 제어할 수도 있으며 분포되어 있는 저음과 중음과 고음의 비율에 따라 음량에 변화를 줄 수도 있습니다.

앞에서 음색을 그래프화하기 위해서는 단순하게 구현이 힘들기에 스펙트로그램 (Spectrogram)이라는 방법을 사용했던 것처럼 음색은 주파수와 주파수별 강도라는 두 가지 요소를 함께 사용할 수 있기에 음량이나 음고를 컨트롤 소스로 사용했을 때에 비해서는 다루기가 조금 까다로운 편입니다.

더군다나 일반적으로 많이 사용이 되는 방식도 아니죠.

그래서 이번에는 특정한 주파수 성분의 강도에 따라서 음량이 변하는 비교적 간단한 방법을 소개하고자 합니다.

다음의 패치를 만들어보도록 하겠습니다.

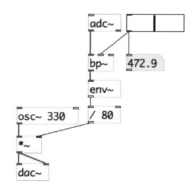

그림 10-14 특정 주파수의 성분에 따라 음량 제어하기

여기서 사용된 [bp~]는 밴드 패스 필터입니다. 그리고 슬라이더를 연결하여 밴드
패스 필터의 Fc(중심주파수, Center Frequency)를 조절하게끔 하였습니다. 따라서
슬라이더를 움직이며 특정 주파수의 설정이 가능합니다. 위의 예에서는 마이크를 통해
서 들어온 소리에 472.9Hz 부근의 성분이 얼마나 많은가를 확인할 수 있으며 [env~]
을 통과하여 472.9Hz 주변의 성분이 0~100 사이의 값으로 변환되기에 그 값을 80
으로 나눠서 330Hz 사인파의 음량을 제어하는 데 사용을 하였습니다.
슬라이더를 움직여서 특정 주파수의 강도가 얼마나 되는지를 확인할 수 있습니다.

10.3.2 음색으로 음고를 제어

음색으로 음고를 제어하는 방법도 앞선 예제의 방법과 마찬가지로 특정 주파수 대역
의 성분이 많은가 적은가를 측정하여 그 성분의 크기에 따라 음고를 제어하는 방법을
소개합니다.

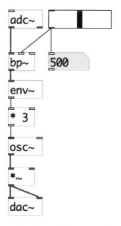

그림 10-15 음색으로 음고를 제어하는 패치

위의 패치를 실행하면 500Hz 부근의 성분이 클수록 음높이가 올라가고 성분이 작으
면 음높이가 내려가게 됩니다.

만약 슬라이더를 내려서 Fc 값을 내리면 소리가 어두울수록 사인파의 음고는 올라가게 되고 슬라이더를 올려서 Fc 값을 올리게 되면 소리가 밝을수록 사인파의 음고는 올라가게 될 것입니다.

10.3.3 음색으로 음색을 제어

음색으로 음색을 제어하는 경우는 얼핏 보면 굉장히 복잡해 보이지만 실제 음악이나 사운드에서는 이 방식을 사용하는 경우가 있습니다. 바로 보코더(Vocoder)인데요. 토크박스(Talk Box)라고 불리기도 합니다.

보코더(Vocoder)의 기본 원리는 사람의 목소리로부터 각 주파수별 성분의 크기를 뽑아서 타깃 사운드에 이 주파수 성분을 그대로 적용하는 것입니다. 그림 10-16은 지금 설명한 보코더를 개념으로 나타낸 개념도입니다.

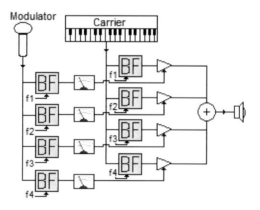

그림 10-16 보코더(Vocoder)의 개념도

그럼 이번에는 Audacity를 이용하여 보코더를 실험해보도록 하겠습니다.

Step 1. Audacity를 실행하고 간단한 문장을 하나 녹음합니다.

그림 10-17 간단한 문장을 녹음

Step 2. Track → Add New → Mono Track을 실행하여 빈 트랙을 하나 만듭니다.

Step 3. Generate → Noise를 실행하여 노이즈를 생성합니다.

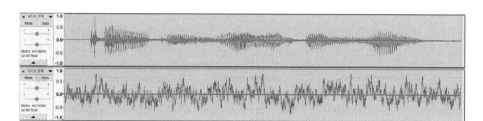

그림 10-18 새로운 트랙에 노이즈를 생성

Step 4. 문장을 녹음한 트랙의 메뉴(트랙 이름 옆의 역삼각형)를 클릭하여 Make Stereo Track을 실행합니다. 실행을 하면 두 개의 트랙을 스테레오 트랙으로 만들게 되는데 상단의 트랙이 왼쪽 채널, 하단 트랙이 오른쪽 채널이 됩니다.

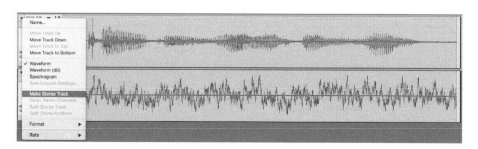

그림 10-19 Make Stereo Track 실행

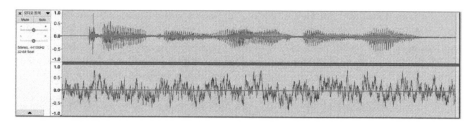

그림 10-20 Make Stereo Track을 실행하여 만들어진 스테레오 트랙

Step 5. 트랙 전체를 선택하고 Effect → Vocoder를 실행합니다.

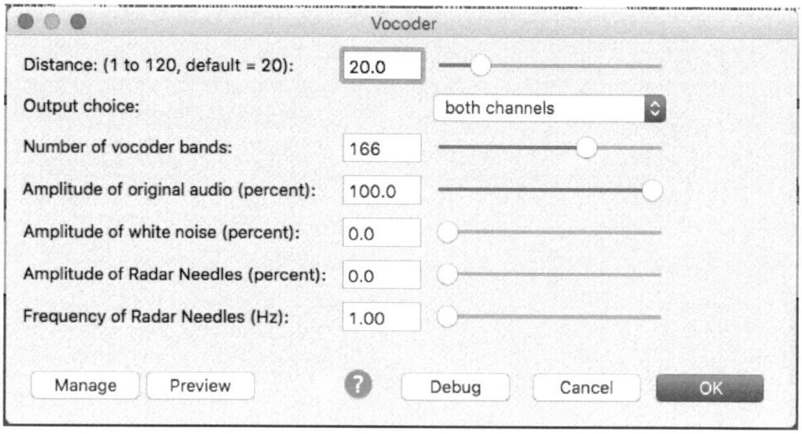

그림 10-21 Vocoder 메뉴창

Audacity의 보코더는 왼쪽 채널을 모듈레이터 오른쪽 채널을 캐리어로 사용하도록 되어 있습니다. 모듈레이터가 컨트롤 소스, 캐리어가 타깃 사운드라고 보시면 됩니다. 그럼 Preview를 클릭하여 보코더로 만들어낸 사운드를 미리 들어봅시다. 마치 노이즈가 말을 하는 것과 같은 느낌이 들것입니다. 다양한 파라미터들이 있는데 이를 특별하게 손대지 않아도 보코더의 특성이 그럴듯하게 표현이 됩니다.

OK를 클릭하여 합성된 결과물을 보겠습니다.

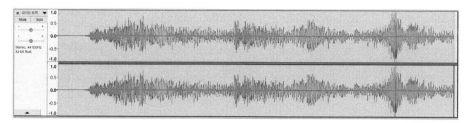

그림 10-22 보코더로 합성된 사운드

보코더는 타깃 사운드(캐리어)가 컨트롤 소스(모듈레이터)의 발음을 하는 것과 같은 효과이므로 타깃 사운드를 다양하게 바꿔가며 그 효과를 익히는 것이 중요합니다.

Step 1부터의 과정을 반복하되 Step 3에서 다양한 노이즈와 Sawtooth, Square, Chirp 등의 사운드를 생성하여 보코더로 합성된 사운드를 확인해보길 바랍니다.

이렇게 해서 소리로 소리를 제어하는 다양한 방법들에 대하여 알아보았습니다.

PART 04

사운드 엔진

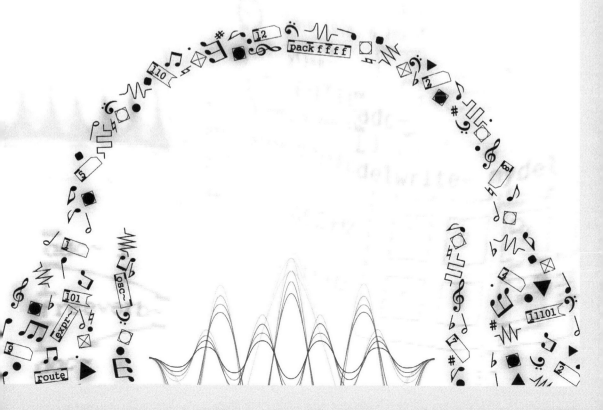

지금까지 우리는 '어떤 소리의 어떤 요소를 어떻게 제어할 것인가?'라는 주제를 가지고 이야기를 해왔습니다. 또한 다양한 실험을 통해서 각각을 어떻게 구현하는지에 대해서도 알아보았습니다.

PART 4에서는 음량, 음높이, 음색을 변화시키는 것은 물론이고 그 외의 다양한 사운드 효과를 만들어내는 각종 사운드 엔진들에 대해서 알아보도록 하겠습니다.

Chapter
11 곱셈기와 딜레이

음량을 변화시키기 위하여 곱셈을 이용하였던 것을 기억할 것입니다. 그렇다면 음의 높이나 음색은 어떻게 변화를 시킬 수 있을까요?

앞서 우리는 음색을 변화시키는 데 필터라는 것을 사용한다는 것을 배웠는데요. 좀 더 공학적으로 말하자면 소리를 변화시키는 것은 모두 필터에 해당이 됩니다. 심지어 음량을 변화시키는 곱셈기도 일종의 필터라고 이야기합니다. 다만 소리를 다루는 입장에서는 음색을 변화시키는 역할을 하는 것을 필터라고 한정 짓고 있는 것이죠.

그렇다면 소리를 변화시키는 필터는 어떻게 구성이 될까요? 놀랍게도 곱셈기와 더하기, 그리고 딜레이(신호지연기)만으로 구성이 됩니다. 아주 복잡해 보이는 사운드 프로세서도 결국에는 곱셈과 신호지연으로 구현을 할 수 있죠.

정말 그것이 가능한지 믿을 수 없나요? 그렇다면 여기 간단한 실험을 하나 해보겠습니다.
여기서는 Audacity를 이용하여 로우 패스 필터(Low Pass Filter)가 구현이 되는 과정을 확인하게 될 텐데요. 다음의 그림은 간단한 로우 패스 필터의 구성도입니다.

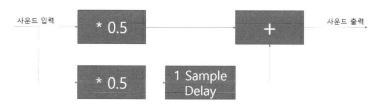

그림 11-1 간단한 로우 패스 필터의 구현

그림 11-1을 보면 곱하기와 딜레이, 그리고 더하기를 통하여 로우 패스 필터가 구현이 되는 것을 확인할 수 있습니다.

그럼 이제 Audacity를 이용하여 정말 로우 패스 필터가 실현이 되는지 확인해보겠습니다.

Step 1. Audacity를 실행하고 다음 그림과 같이 Chirp 사운드를 만듭니다.

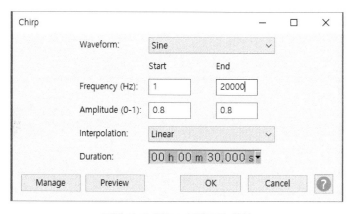

그림 11-2 Chirp 사운드의 생성

Step 2. Edit → Duplicate를 실행하여 같은 사운드를 하나 더 복사합니다.

Step 3. Select → All을 실행하여 두 트랙 모두를 선택합니다.

Step 4. Effect → Amplify를 실행합니다. 그리고 Amplification을 −6.0으로 설정합니다. −6.0dB은 음량을 반으로 줄이게 됩니다. 다시 말해서 0.5를 곱하는 것과 같은 역할을 합니다.

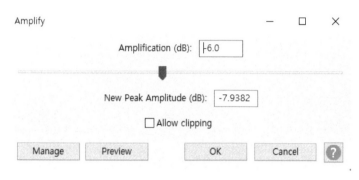

그림 11-3 Amplify의 설정값

Step 5. 돋보기 모양의 Zoom In 아이콘을 계속 클릭해서 샘플 단위가 보일 때까지 키웁니다.

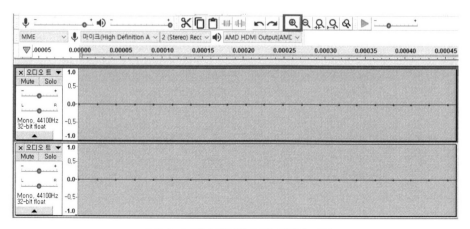

그림 11-4 샘플 단위가 보일 때까지 확대

Step 6. 두 번째 트랙 전체를 선택하고 Time Shift Tool을 이용하여 두 번째 트랙을 한 샘플만큼 뒤로 밀어냅니다. 이것은 한 샘플만큼 지연시킨 것과 같습니다.

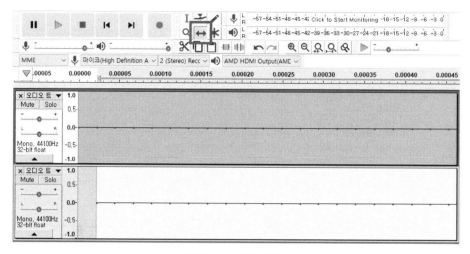

그림 11-5 1 샘플 딜레이

Step 7. 이제 다시 줌아웃을 실행해서 두 개의 트랙을 확인해보겠습니다. 보면 원래의 상태에서 크게 달라진 느낌은 없습니다.

그럼 그림 11-1의 마지막 과정인 두 트랙을 더하는 일을 해보겠습니다.

두 개의 트랙 모두를 선택하고(Select → All) Tracks → Mix → Mix and Render to New Track을 실행합니다.

실행하고 나면 다음과 같이 두 개의 트랙 아래에 두 트랙을 더한 결과물이 만들어집니다.

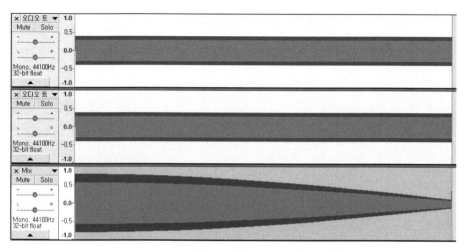

그림 11-6 두 개의 트랙이 더해진 최종 결과물

결과물을 보면 신호의 크기가 0.8부터 시작해서 소리가 점점 작아지고 있는 것을 확인할 수 있습니다. 우리가 처음 만든 소리는 크기가 0.8이고 1Hz부터 시간이 지남에 따라서 20,000Hz까지 주파수가 점점 상승하는 처프였습니다. 따라서 최종 결과물은 저음은 통과를 시키지만 고음으로 갈수록 주파수를 차단하는 로우 패스 필터의 특성을 가지고 있다는 것을 알 수 있습니다.

이렇듯 사운드에 변화를 주는 것은 곱하기, 딜레이, 더하기만으로 구성이 되는 것을 알 수 있습니다.

10장까지의 과정에서 곱하기와 더하기는 여러 번 다뤘었으니 이번 장에서는 딜레이에 대해서 알아보도록 하겠습니다.

11.1 피드 포워드 딜레이와 피드백 딜레이

앞서 다뤘던 것처럼 딜레이를 정교하게 설계하여 필터와 같은 프로세서를 구현할 수도 있지만 일반적으로 사운드 디자이너에게 딜레이는 소리를 지연시키는 효과로 주로 사용됩니다. 이제부터 다루게 될 딜레이는 후자에 대한 이야기입니다.

딜레이를 분류하는 방법은 시각에 따라서 조금씩 차이가 있는데요.
공학적 시각에서는 다음과 같은 두 가지로 분류를 합니다.

피드 포워드 딜레이(Feed Forward Delay)
피드백 딜레이(Feedback Delay)

11.1.1 피드 포워드 딜레이(Feed Forward Delay)

피드 포워드 딜레이(Feed Forward Delay)는 FIR(Finite Impulse Response)이라고도 부르며 다음과 같은 구조를 가지고 있습니다.

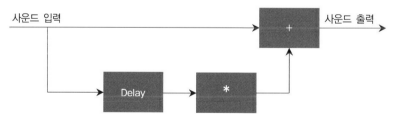

그림 11-7 피드 포워드 딜레이의 구조

피드 포워드 딜레이는 하나의 사운드가 입력되고 Delay에서 설정한 시간만큼 신호를 지연시킨 후 일정한 값을 곱해서 원래의 신호와 더한 후 출력을 하게 됩니다. 그럼 Audacity를 이용하여 피드 포워드 딜레이를 실험해보도록 하겠습니다.

Step 1. Audacity를 실행하고 10ms 길이의 짧은 노이즈를 생성합니다. (Generate → Noise)

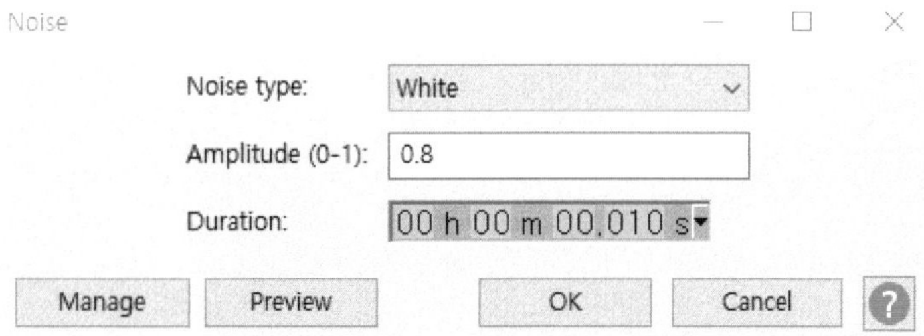

그림 11-8 10ms(0.01초)의 화이트 노이즈 생성

생성된 소리를 재생하면 아주 짧게 '칙' 하는 소리가 날 것입니다.

Step 2. 트랙 전체를 선택하고 Effect → Delay를 실행합니다.

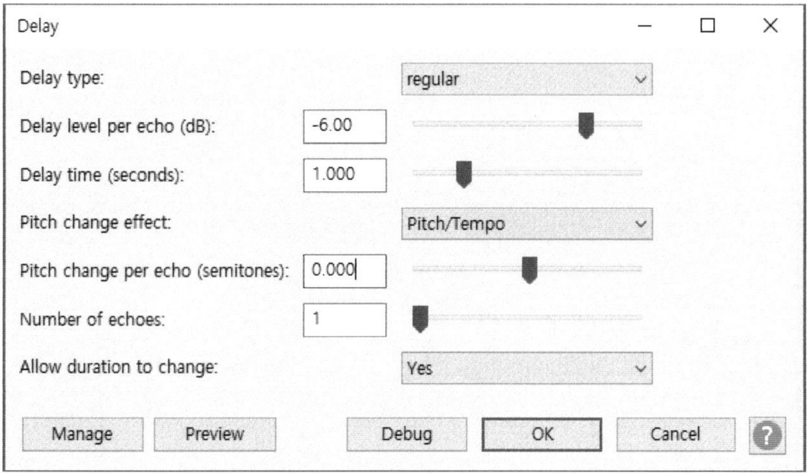

그림 11-9 Delay의 메뉴창

Audacity의 Delay 기능은 상당히 다양한 효과를 만들어낼 수 있는 재미있는 기능입니다. 하지만 여기서는 가장 간단한 피드 포워드 딜레이를 설명하기 위한 실험이므로 우선 그림 11-10과 같이 설정을 하고 OK를 클릭합니다. (각 메뉴에 대해서는 잠시 후에 설명하도록 하겠습니다.)

그림 11-7은 하나의 딜레이만을 가지고 있으므로 Number of echoes:를 1로 설정했습니다. 그리고 딜레이 시간은 1초로 설정을 하였으며 딜레이를 거친 후 곱해지는 값은 0.5에 해당하는 -6dB로 설정하였습니다. 이런 설정을 통해 만들어진 결과물은 다음 그림과 같으며 소리를 들어보면 처음에 '칙' 하는 소리가 나고 1초 후에 그 반 정도 되는 음량으로 다시 한번 '칙' 하는 소리가 나는 것을 확인할 수 있습니다.

그림 11-10 딜레이를 적용한 결과물

이와 같이 하나의 딜레이를 이용하여 만든 딜레이를 심플 딜레이(Simple Delay) 또는 슬랩백 딜레이(Slap Back Delay)라고 합니다.

딜레이는 딜레이 타임에 따른 소리의 변화를 감각적으로 경험적으로 알고 있는 것이 좋은데요.
하나의 딜레이만을 사용하는 슬랩백 딜레이는 이 감각을 키우는 데 아주 효과적입니다.
이를 위해서 여러분의 목소리를 녹음한 후 딜레이 타임을 조정해가면서 그 감각을 익혀가 봅시다.

다만 사운드 디자인에서 통용되는 일반적인 표현을 하자면 딜레이 타임이 150～300ms(0.15～0.3초)일 때 소리의 공간감이 생기면서 커진다는 의미로 Big이라는 표현을 사용합니다. 그리고 딜레이 타임이 35～75ms(0.035～0.075초)일 때 소리의 두께감이 생긴다는 의미로 Thickening이라는 표현을 사용합니다. 마지막으로 35ms(0.035초)보다 짧은 딜레이의 경우는 Double이라는 표현을 사용하며 마치 두 사람이 말하는 것처럼 들린다는 의미입니다. 다만 Double의 경우는 원래의 소리는 왼쪽, 딜레이 된 소리는 오른쪽에서 나게 하는 것처럼 스테레오를 분리하여 사용해야 그 효과를 제대로 낼 수 있습니다.

위의 표현들을 참고하여 딜레이 시간의 변화에 따른 소리의 차이를 감각적으로 익혀두시기 바랍니다.

:: Delay의 메뉴 설명

아래에 Audacity가 가지고 있는 Delay의 각 메뉴에 대하여 정리해놓았습니다.

- Delay Type－지금 실험에서는 별 의미가 없는 설정값이지만 다음과 같은 설정이 가능합니다.
  - Regular : 일반적인 딜레이로 Delay time에서 설정한 시간만큼 일정한 간격을 갖게 되는 딜레이입니다. 예를 들어 Delay time을 1초, Number of Echoes를 3으로 설정한다면 각각의 딜레이는 1초씩 차이가 납니다.
  - Bouncing Ball : 마치 공이 튀는 듯한 느낌의 딜레이로 처음 딜레이는 Delay time에서 설정한 시간이 되지만 점점 딜레이 시간이 짧아지는 딜레이입니다. 탁구공을 바닥에 튀겼을 때 탁구공 튀는 소리가 점점 짧아지는 것과 같은 효과입니다.
  - Reverse Bouncing Ball : Bouncing Ball과 반대의 효과로 점점 딜레이 시간이 길어지는 효과입니다.
- Delay Level per echo(dB)－딜레이가 될 때마다 그 음량이 얼마만큼 변화될 것인

지를 설정합니다.

- Delay time(seconds) – 딜레이 시간을 설정합니다.
- Pitch Change Effect – Audacity의 딜레이는 사운드가 딜레이 될 때마다 음의 높이도 함께 변화시키는 기능을 갖추고 있는데요. 음의 높이를 변화시키는 방식을 설정합니다.
  - Pitch/Tempo : 음의 높이와 함께 음의 길이도 함께 변화시키는 방식입니다. 피치가 올라가면 음의 길이가 짧아지고 피치가 내려가면 음의 길이는 길어지게 됩니다.
  - LQ Pitch Shift : 소리의 길이는 유지한 채 음의 높이만 변화시키는 방식입니다.
- Pitch Change per Echo(semitone) – 매번 딜레이될 때마다 음높이를 얼마만큼 변화시킬지를 설정합니다. 그 단위는 세미톤 단위를 사용합니다.
- Number of echoes – 딜레이를 몇 번 시킬 것인지를 설정합니다.
- Allow duration to change – 현재의 사운드 길이 내에서 딜레이를 적용할 것인지 아니면 현재의 사운드 길이를 늘려가면서 딜레이를 적용할 것인지를 설정합니다.

11.1.2 피드백 딜레이(Feedback Delay)

피드백 딜레이(Feedback Delay)는 IIR(Infinite Impulse Response)이라고도 부르며 다음과 같은 구조를 가지고 있습니다.

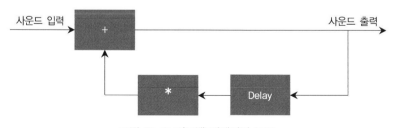

그림 11-11 피드백 딜레이의 구조

피드백 딜레이는 하나의 사운드가 입력되면 그 소리가 되돌아와서 Delay에서 설정한 시간만큼 신호를 지연시킨 후 일정한 값을 곱하고 원래의 신호와 더한 후 출력을 하게 되는데 출력되는 소리가 계속 되돌아오면서 딜레이가 됩니다.

피드백 딜레이의 경우는 하나의 딜레이를 가지고도 여러 번 딜레이 되는 사운드를 만들 수 있는 장점이 있는 반면 소리가 계속 되돌아오기 때문에 곱하는 값을 자칫 잘못 설정하면 소리가 계속 커지면서 클립이 발생할 수도 있는 단점을 가지고 있기도 합니다.

그럼 Audacity를 이용하여 피드백 딜레이를 실험해보도록 하겠습니다.

Step 1. Audacity를 실행하고 20초의 무음구간을 생성합니다. (Generate → Silence)

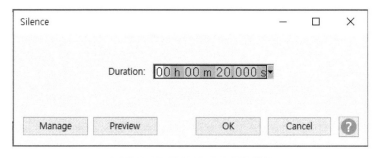

그림 11-12 20초의 무음구간 생성

무음구간을 생성하는 이유는 앞으로 사용하게 될 Echo라고 하는 기능이 선택된 구간 내에서만 딜레이를 만들어내기 때문입니다. 앞서 사용했던 Delay에서 'Allow duration to change:' 옵션이 No로 설정된 것과 같은 상황입니다.

Step 2. 10ms 길이의 짧은 노이즈를 생성합니다. (Generate → Noise)
소리를 재생하면 아주 짧은 '칙' 하는 소리가 날 것입니다.

Step 3. 트랙 전체를 선택하고 Effect → Echo를 실행합니다.

그림 11-13 Echo 메뉴창

여기서 Delay Time은 그림 11-11의 딜레이 시간을 의미하며 Decay Factor는 그림 11-11에서 곱해지는 값을 의미합니다. 위와 같이 설정을 마쳤다면 OK를 클릭하도록 합니다.

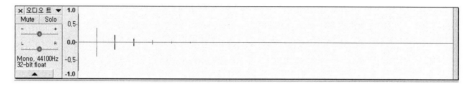

그림 11-14 피드백 딜레이를 실행한 결과물

결과물을 보면 딜레이가 한 번 될 때마다 그 전의 신호에 절반의 크기가 되는 것을 확인할 수 있습니다.

이렇게 피드 포워드 딜레이(Feed Forward Delay)와 피드백 딜레이(Feedback Delay)에 대해서 살펴보았습니다.

11.2 딜레이의 모음

이번에는 조금 더 복잡한 딜레이에 대해서 알아보겠습니다.

보통 딜레이를 사용할 때는 딜레이를 여러 개 묶어서 사용을 하게 됩니다. 여기서는 이렇듯 딜레이를 여러 개 모아놓은 형태에 대하여 이야기를 하겠습니다.

11.2.1 탭 딜레이(Tap Delay)

탭 딜레이는 여러 개의 피드 포워드 딜레이를 모아서 사용합니다. 보통은 딜레이 값이 일정하며 줄어드는 비율도 일정하게 사용이 됩니다. 또한 딜레이의 수에 따라서 4탭 딜레이(4 Tap Delay, 딜레이가 4개 사용된 딜레이)와 같이 이름이 붙여집니다.

그럼 Audacity를 이용하여 4탭 딜레이를 실험해보도록 하겠습니다.

Step 1. Audacity를 실행하고 10ms 길이의 짧은 노이즈를 생성합니다. (Generate → Noise)

Step 2. 트랙 전체를 선택하고 Effect → Delay를 실행합니다.

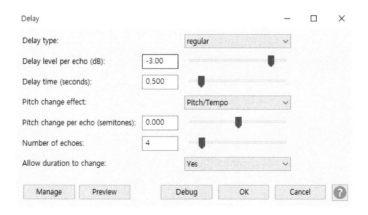

그림 11-15 Delay 메뉴창

그림 11-15와 같이 Delay level per echo(dB): − 3.00, Delay time(seconds): 0.500, Number of echoes: 4로 설정을 합니다.

여기서 Number of echoes: 가 딜레이(탭)의 개수입니다. 그리고 한 번 딜레이 될 때마다 −3dB씩 줄어들게 됩니다. 그리고 딜레이 시간은 0.5초로 설정하였습니다.

Step 3. OK를 클릭하여 결과물을 확인합니다.

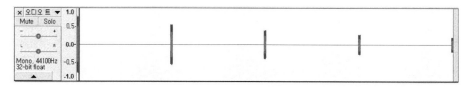

그림 11-16 4탭 딜레이의 결과물

소리를 확인하면 일정한 간격으로 일정하게 음량이 줄어드는 사운드를 확인할 수 있습니다.

특별히 탭 딜레이를 스테레오로 나눠서 구현하는 경우 오른쪽에서 한 번 왼쪽에서 한 번, 이런 식의 사운드가 구현이 되며 이것을 스테레오 탭 딜레이(Stereo Tap Delay) 또는 핑퐁 딜레이(Ping-Pong Delay)라고 부릅니다.

그림 11-16을 보면 짧은 노이즈 사운드에 대한 반응이라는 것을 알 수 있는데요. 사운드 소스가 더욱 짧아져서 다음과 같이 하나의 샘플만 크기를 가지고 나머지는 크기가 0인 경우를 임펄스(Impulse)라고 부릅니다.

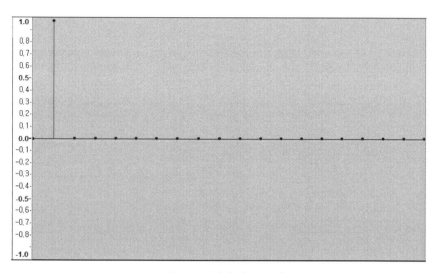

그림 11-17 임펄스(Impulse)

그럼 앞서 실험했던 4탭 딜레이에 임펄스를 적용하면 어떻게 될까요? 다음의 그림과 같은 결과가 나옵니다.

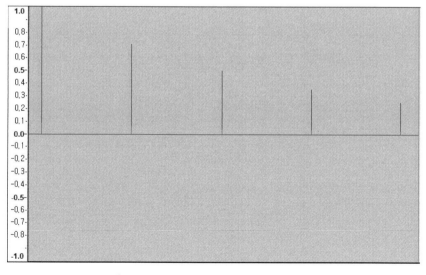

그림 11-18 임펄스 리스펀스(Impulse Response)

246

이와 같은 결과를 임펄스 응답, 임펄스 리스펀스(Impulse Response)라고 하는데요.
임펄스 응답(Impulse Response)의 의미는 어떤 사운드 시스템에 임펄스를 입력했
을 때 나오는 결과로써 그 시스템의 특성을 나타내는 것입니다.
반면 임펄스 응답 특성을 알고 있다면 임펄스가 위치한 곳에 입력 사운드를 하나씩
복사한 다음 임펄스의 크기를 곱해서 모두 더하여 입력 사운드에 대한 결과를 만들어
낼 수도 있습니다. 앞서 했던 실험의 경우는 굉장히 짧은 노이즈가 입력 사운드이며
입력 사운드가 임펄스 응답이 있는 곳에 임펄스 응답의 크기만큼 곱해져서 놓여 있는
것을 알 수 있습니다.

이와 같은 방법을 컨볼루션(Convolution)이라고 합니다.

임펄스 응답은 사운드 프로세서의 특성을 파악하고자 할 때 매우 유용하기에 임펄스
응답(Impulse Response)에 대해서 이해하는 것은 사운드 디자이너에게 매우 유익
할 것입니다.

11.2.2 리버브(Reverb)

리버브는 잔향, Reverberation의 줄임말로 공간의 잔향을 흉내 내는 역할을 합니다.
그렇다면 잔향이 무엇일까요?
여러분이 화장실에서 노래를 부를 때와 체육관에서 노래를 부를 때, 그리고 복도에서
노래를 부를 때, 소리의 울림이 다르다는 것을 느꼈을 겁니다.
왜 울림이 다른 것일까요?
이를 설명하기 위하여 하나의 그림을 준비했습니다.

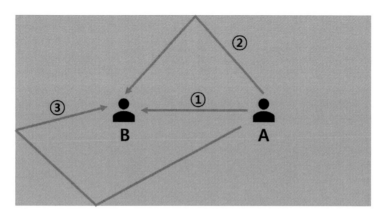

그림 11-19 공간에서 소리의 전달

어떤 공간에서 그림 11-19와 같이 노래를 부르는 사람 A와 노래를 듣는 사람 B가 있다고 상상해봅시다. B가 듣게 되는 A의 소리는 ①과 같이 직접 전달이 되는 소리도 있을 것이며 ②와 같이 벽에 한번 부딪혀서 B에게 전달되는 소리도 있을 것입니다. 그리고 ③과 같이 벽에 여러 번 부딪힌 후 B에게 전달되는 소리도 있습니다. 여기서 ①을 직접음이라 부르며 ②, ③과 같은 소리를 반사음이라 합니다.

여기서 A의 소리는 직접음이 가장 빨리 전달이 되며 그 세기(Intensity)도 가장 큽니다. 직접음이 B에게 전달된 후 반사음이 전달이 될 텐데 ②와 같이 벽에 한 번 부딪힌 후 전달된 소리가 벽에 여러 번 부딪히고 전달이 되는 반사음들에 비해서는 좀 더 빠르게 그리고 큰 소리로 전달이 될 것입니다. 벽에 여러 번 부딪힐수록 그 소리의 에너지는 줄어들게 되고 소리의 경로도 길어져서 전달되는 시간도 길어지게 됩니다. 이렇게 만들어진 소리를 잔향(Reverb, Reverberation)이라고 합니다.

따라서 잔향은 공간의 크기, 공간의 재질 등에 따라서 그 특성이 달라지게 됩니다. 그래서 화장실, 체육관, 공연장, 복도에서 들리는 울림이 각각 차이가 나는 것이었습니다.

그럼 리버브에 대해서 조금 더 구체적으로 살펴보도록 하겠습니다.

:: 리버브의 구조

직접음(Direct Sound)과 프리 딜레이(Pre Delay)

앞에서 ①을 직접음이라고 했는데요. 만약 A와 B가 가까운 거리에 있다면 직접음을 듣고 난 후 첫 번째 반사음이 들리기까지의 시간이 길어질 것입니다. 반면에 A와 B가 먼 거리에 있다면 직접음을 듣고 난 후 첫 번째 반사음이 들리기까지의 시간이 그렇게 길지는 않을 것입니다. 이렇게 직접음이 들리고 첫 번째 반사음이 들리기까지의 시간을 프리 딜레이 타임(Pre Delay Time)이라고 합니다.

초기 반사음(Early Reflection)

첫 번째 반사음과 같이 초반의 반사음들은 대개 벽에 한 번 부딪힌 반사음들이며 이 소리들의 크기는 아직 많이 줄어들지도 않은 상태일 뿐만 아니라 반사음과 반사음 사이의 간격도 여유가 있습니다. 이와 같은 구간을 초기 반사음(얼리 리플랙션, Early Reflection)이라고 합니다.

난반사 구간(Diffusion)

두 번 이상 반사된 소리들은 개개의 소리보다는 소리의 뭉텅이같이 들리게 됩니다. 이는 소리가 벽에 여러 번 부딪히며 난반사(Diffuse)가 생기면서 만들어지는 현상입니다. 이 구간은 다양한 이름을 가지고 있는데요. 초기 반사음과 대조되는 개념으로 후기 반사음(레이트 리플랙션, Late Reflection)이라고도 부르며 난반사 구간이라는 의미로 디퓨젼(Diffusion)이라고도 합니다. 또한 소리가 감쇄하는 구간이라는 의미로 디케이(Decay)라고도 부르며 잔향의 꼬리라는 의미로 리버브 테일(Reverb Tail)이라고도 합니다. 그리고 초기 반사음이 딜레이의 묶음 같은 느낌인 데 반해 이 구간이 실제 잔향 같은 느낌의 특성을 나타내기에 리버브(Reverb)라고 부르기도 합니다.

잔향 시간(Reverb Time)

잔향의 시간을 리버브 타임(Reverb Time)이라고 하는데요. 첫 번째 반사음이 들린 시점부터 직접음과 비교하여 그 소리크기가 60dB만큼 작아졌을 때까지의 시간을 리버브 타임이라고 합니다. 60dB만큼 작아졌을 때까지의 잔향시간이라는 의미로 RT_{60} 이라고 쓰기도 합니다.

위에서 설명한 것을 그림으로 그리면 다음과 같이 정리할 수 있습니다.

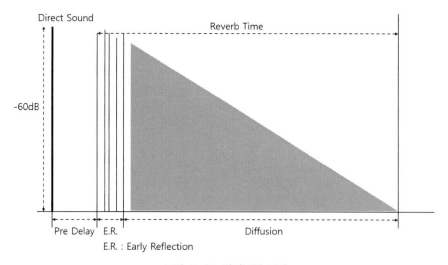

그림 11-20 리버브의 구성

그럼 리버브를 구현하는 방법에 대해서 알아보도록 하겠습니다.

:: 리버브의 구현 방법들

리버브를 구현하는 방법은 다음과 같이 크게 3가지 정도로 분류할 수 있습니다.

1. 공간을 이용하는 방법

2. 기계식 리버브

3. 디지털 리버브

공간을 이용하는 방법

공간을 이용하는 방법은 가장 고전적인 방법으로 디자이너가 원하는 울림이 있는 공간을 찾아서 녹음을 하는 방법입니다. 리버브가 개발되기 전까지는 이와 같은 방법을 사용할 수밖에 없었겠죠.

이와 같은 방법으로 얻어내는 리버브를 체임버 리버브(Chamber Reverb)라고 합니다.

기계식 리버브

기계식 리버브는 스프링 리버브(Spring Reverb)와 플레이트 리버브(Plate Reverb)가 대표적인데요.

스프링 리버브의 경우는 사운드 소스를 내보낼 사운드 출력장치에 스프링을 연결하고 스프링의 다른 한쪽 끝에 흡음장치를 연결합니다. 여기서 출력장치나 흡음장치는 대부분 스피커나 다이나믹 마이크와 비슷한 장치를 사용합니다. 그리고 출력장치를 통해서 사운드 소스를 내보내면 출력되는 소리가 스프링을 통해서 잔향이 만들어지게 되고 그 소리를 흡음장치를 통해서 다시 받아들이면 리버브의 효과를 얻어낼 수 있었습니다.

스프링 리버브의 구성은 그림 11-21과 같습니다.

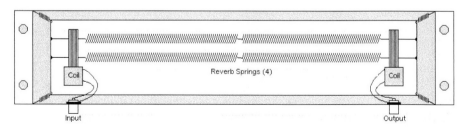

그림 11-21 스프링 리버브의 구조

플레이트 리버브(Plate Reverb)도 원리는 스프링 리버브와 비슷합니다. 다만 스프링 대신 큰 철판(Plate)을 사용하는 것이죠. 그림 11-22와 같이 큰 철판에 스피커를 통해서 사운드 소스를 내보내면 플레이트가 떨리면서 잔향과 같은 효과를 만들어내게 됩니다. 그리고 그 떨림을 흡음장치를 통해서 다시 받아들이면 잔향 효과를 표현할 수 있게 되는 것입니다.

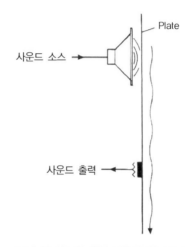

그림 11-22 플레이트 리버브의 구조

디지털 리버브(Digital Reverb)

디지털 기술이 발달하면서 디지털 방식으로 리버브를 구현하는 다양한 방법들이 등장을 했는데요. 디지털 방식의 리버브는 다음과 같이 3가지로 분류가 됩니다.

① 알고리드믹 리버브(Algorithmic Reverb)
② 물리적 모델링 리버브(Physical Modeling Reverb)
③ 컨볼루션 리버브(Convolution Reverb)

그럼 각각의 리버브에 대해서 살펴보도록 하겠습니다.

① 알고리드믹 리버브(Algorithmic Reverb)

알고리드믹 리버브는 현재 가장 일반적으로 사용되는 방식의 리버브로 여러 개의 딜레이를 적절하게 배치하여 잔향효과를 만들어내는 방식입니다. Audacity나 Pure Data에서 사용되는 리버브는 기본적으로 슈뢰더-무어러(Schroeder-Moorer)의 알고리즘에 기반을 둔 프리버브(Freeverb)라는 것을 사용하고 있으며 그 알고리즘은 다음 그림과 같습니다.

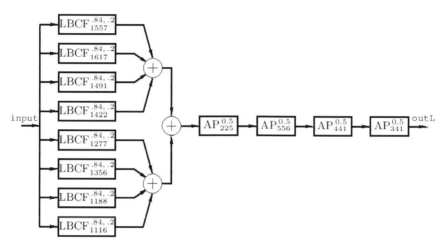

그림 11-23 프리버브(Freeverb)의 알고리즘

위의 그림에서 LBCF는 Low pass-Feedback-Comb Filter를 의미하는 것으로 저음을 통과시키는 피드백 딜레이를 의미합니다. 또한 AP는 All Pass Filter를 의미하는 것으로 피드백 딜레이와 피드 포워드 딜레이를 동시에 사용하는 필터입니다.

그림을 보면 조금 복잡해 보이기는 합니다만 8개의 피드백 딜레이를 병렬로 통과시키고 이후에 4개의 피드백 딜레이와 피드 포워드 딜레이를 직렬로 통과시켜 리버브를 만들어낸다고 이해하면 됩니다. 다만 Freeverb의 경우 초기 반사음은 만들어내지 않는 아쉬움이 있습니다.

그럼 Freeverb에 기반을 둔 Audacity의 리버브를 사용해보겠습니다.

Step 1. Audacity를 실행하고 여러분의 목소리를 녹음해봅시다.

Step 2. 트랙 전체를 선택하고 Effect → Reverb를 실행합니다.

Step 3. Manage 버튼을 클릭하고 그림 11-24와 같이 Factory Presets → Vocal I을 선택합니다.

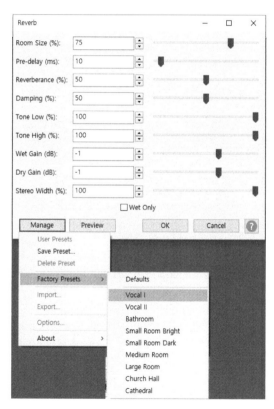

그림 11-24 프리셋의 선택

Preview 버튼을 눌러서 선택한 Vocal I의 사운드가 어떤지를 확인하고 파라미터들은 어떻게 변하였는지도 함께 확인해봅니다.

Step 4. 프리셋을 바꿔가면서 파라미터의 변화를 확인하고 Preview 버튼을 클릭하여 소리의 변화를 확인합니다.

Audacity Reverb의 파라미터의 의미는 다음과 같습니다.

- Room Size : 공간의 크기를 설정합니다. 100%에 가까울수록 공간의 크기가 커지는 효과가 납니다.
- Pre - delay : 직접음이 나오고 난 다음 리버브가 시작되기까지의 시간을 설정합니다.
- Reverberance : Reverb Tail의 길이를 설정합니다.
- Damping : 리버브가 줄어드는 정도를 설정합니다. 이 값이 크면 리버브가 타이트한 느낌이 들며 이 값이 낮으면 리버브가 퍼지는 느낌이 들게 됩니다.
- Tone Low : 저음의 정도를 설정합니다. 이 값이 크면 소리가 어두워집니다.
- Tone High : 고음의 정도를 설정합니다. 이 값이 크면 소리가 밝아집니다.
- Wet Gain : 리버브를 통과시킨 신호를 Wet 사운드라고 합니다. 따라서 이 파라미터를 이용하여 리버브를 통과시킨 소리의 크기를 설정합니다.
- Dry Gain : 리버브를 거치지 않은 원래 신호를 Dry 사운드라고 합니다. 따라서 이 파라미터를 이용하여 다이렉트 사운드의 크기를 설정합니다.
- Stereo Width : 스테레오 신호를 입력으로 사용할 경우 사운드의 스테레오 범위를 넓히거나 좁히는 데 사용하는 파라미터입니다.
- Wet Only : Dry 사운드는 사용하지 않고 Wet 사운드만을 사용하고자 할 때 이 옵션을 체크합니다.

② 물리적 모델링 리버브(Physical Modeling Reverb)

물리적 모델링 리버브는 공간을 물리적으로 모델링하는 방법입니다.

이 방법은 학계에서 다양한 논문이 나오고 있는 단계이지만 이 책을 쓰고 있는 시점에서는 아직 상용화된 제품은 없는 것으로 보입니다. 물리적 모델링 리버브는 공간에 대한 모든 요소를 물리적으로 모델링하는 리버브로써 공간의 크기, 형태, 높이, 벽의 재질, 바닥의 재질 등을 모두 물리적으로 모델링하고 리버브를 적용할 때는 마치 건축을 하듯이 공간의 요소들을 설정하여 리버브의 결과물을 얻을 수 있습니다.

③ 컨볼루션 리버브(Convolution Reverb)

컨볼루션은 앞에서 잠깐 언급을 했는데요. 임펄스 응답(Impulse Response)이라는 것을 알고 있으면 사운드 소스에 컨볼루션을 적용하여 원하는 소리를 만들어낼 수 있다고 설명을 하였습니다.

또한 우리가 알고자 하는 시스템에 임펄스(아주 짧은 신호)를 입력하면 그 시스템의 특성이 임펄스 응답이라는 출력으로 나온다는 이야기도 했습니다.

예를 들어 예술의 전당의 무대 위에 스피커를 설치하고 VIP석에 마이크를 설치한 다음 스피커에서 임펄스를 출력하고 마이크로 녹음을 하면 마이크로 녹음된 신호는 예술의 전당의 VIP석에 대한 임펄스 응답이 됩니다. (하지만 임펄스를 만들어내고 녹음하는 방식이 그리 쉽지는 않아서 실제로는 처프 사운드를 주로 사용하고 있습니다.)

그리고 우리의 노래를 하나 녹음한 다음 이 임펄스 응답 데이터와 컨볼루션을 하게 되면 결과물은 우리가 노래를 예술의 전당 무대에서 부르고 그 노래를 VIP석에서 들었을 때와 같은 사운드를 얻어낼 수 있습니다.

앞의 설명과 같이 이 방식이 임펄스 응답(Impulse Response, 줄여서 IR이라고도 합니다.)이라는 것을 활용하기 때문에 IR Reverb라고도 부르며 임펄스 응답을 얻을 때 녹음을 하기 때문에 IR을 샘플링한다는 의미로 샘플링 리버브(Sampling Reverb)라고도 합니다. 또한 컨볼루션이라는 방법을 통해서 최종 결과물을 만들어내기 때문에 컨볼루션 리버브(Convolution Reverb)라고도 부릅니다.

이렇게 해서 딜레이의 모음을 통해 소리에 변화를 주는 탭 딜레이와 리버브에 대하여 알아보았습니다.

11.3 모듈레이티드 딜레이(Modulated Delay)

PART 3의 시간의 흐름에 따른 제어에서 LFO(Low Frequency Oscillator)를 이용하여 음량, 음고, 음색을 제어하는 방법을 다뤘었습니다. 그렇다면 딜레이에도 LFO를 적용할 수 있지 않을까요?

그렇습니다. 딜레이 타임을 LFO로 제어할 경우, 다양한 효과를 만들어낼 수 있으며 이와 같은 딜레이를 모듈레이티드 딜레이(Modulated Delay)라고 합니다.

이번에는 딜레이 타임을 LFO로 제어하여 만들어내는 다양한 효과들에 대하여 알아보도록 하겠습니다.

11.3.1 코러스(Chorus)

대표적인 모듈레이티드 딜레이(Modulated Delay)로 코러스가 있습니다.

코러스는 우리말로 합창이라는 뜻인데요. 합창을 하는 경우를 잠깐 상상해보겠습니다. 합창이 너무 복잡하다면 규모를 조금 줄여서 나와 내 친구가 같은 노래를 부르는 경우를 상상해보죠.

예를 들어 '나비야'라는 노래를 부른다면 두 사람이 완벽히 똑같은 시간에 같은 부분을 부르지는 못합니다. 서로 약간씩의 시차가 생길 수밖에 없죠. 이와 같은 상황을 그림으로 나타내면 다음과 같습니다.

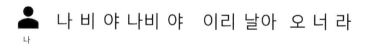

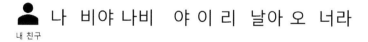

그림 11-25 두 사람이 같은 노래를 부르는 경우

그림에서 보이는 것처럼 두 사람이 노래를 부를 때 각 음들이 조금씩 시차가 발생을 하고 먼저 나오는 음을 기준으로 본다면 다른 음의 딜레이 타임이 계속 변하고 있다고 해석할 수도 있습니다.

그렇다면 하나의 사운드 입력을 사용하고 딜레이를 이용하되 그 딜레이의 딜레이 타임을 연속적으로 변하게 조정한다면 하나의 사운드 입력을 마치 여러 개의 사운드 입력인 것처럼 만들어낼 수 있을 것입니다. 이것이 바로 코러스(Chorus)의 기본 개념입니다.

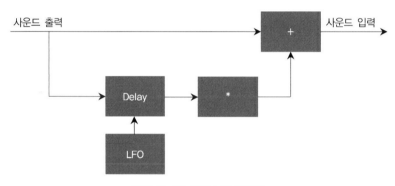

그림 11-26 코러스의 개념도

그럼 이제부터 퓨어 데이터를 이용하여 코러스를 구현해보도록 하겠습니다. 구현을 해나가는 과정을 통하여 코러스에 대해서 더 정확하게 이해할 수 있을 것입니다.

Step 1. Pure Data를 실행하고 새로운 파일을 하나 생성한 뒤 다음과 같은 패치를 만듭니다.

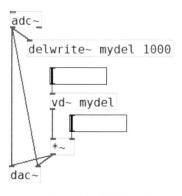

그림 11-27 딜레이의 구현

새롭게 사용한 객체로 [delwrite~]와 [vd~]가 있는데요. 디지털적인 방법으로 딜레이를 구현할 때는 메모리에 사운드를 잠깐 저장해놨다가 일정 시간이 지난 이후 메모리에 있는 사운드를 불러오는 방식으로 구현을 하게 됩니다. 그래서 퓨어 데이터에서도 딜레이를 구현할 때 [delwrite~] 명령 객체를 이용하여 딜레이로 사용할 메모리에 사운드를 잠시 저장하고 [vd~]를 이용하여 메모리에 저장되어 있는 사운드를 정해진 시간이 지난 후 불러오는 방식을 사용하고 있습니다.

[delwrite~]에서 설정한 mydel은 사운드를 저장할 장소의 이름으로 mydel이라는 이름을 지어준 것이고 1000은 1000ms(1초)만큼의 사운드를 저장하겠다는 의미입니다.

[vd~]에서 설정한 mydel은 읽어올 저장소의 이름을 지정한 것이고 [vd~]와 연결된 슬라이더를 이용하여 얼마만큼의 시간 지연을 할 것인지를 설정합니다. 여기서 슬라이더의 값은 0~1000까지 범위를 설정하여 최대 1초까지 시간 지연이 될 수 있도록 하였습니다.

그 아래에 곱셈을 이용하여 딜레이 된 사운드의 음량을 조절할 수 있도록 하였고 0~1

까지의 범위로 설정을 하였습니다.

Step 2. 코러스의 핵심은 딜레이 타임에 LFO를 사용한다는 것입니다. 이를 위해서 [vd~]에 연결되어 있는 슬라이더 대신 LFO를 연결하도록 하겠습니다.

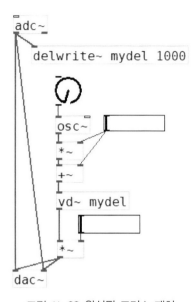

그림 11-28 완성된 코러스 패치

LFO Speed는 [osc~]와 연결한 [knob]을 이용하여 조절하게끔 하였으며 그 범위는 0~20Hz를 조절할 수 있게끔 설정하였습니다.

LFO Depth는 [*~]와 연결한 슬라이더를 이용하여 조절하게끔 하였으며 그 범위는 0~15를 설정하였습니다. 이렇게 되면 [*~]를 통하여 출력되는 값은 -15~15까지 의 값이 됩니다. 사인파는 -1~1까지 진동을 하기 때문에 곱해지는 값의 음수 부분 까지 생각을 해야 합니다.

그런데 딜레이 시간이 음수가 될 수는 없습니다. 딜레이 시간이 음수가 된다는 것은 시간을 앞서 가야 한다는 것을 의미하며 이것은 곧 미래의 사운드를 가져와야 한다는 것을 의미하게 되죠.

그래서 [+ ~]에도 슬라이더를 함께 연결하여 곱해지는 값만큼 더해서 출력되는 값이 0~30 사이가 되게끔 하였습니다. 다시 말해서 슬라이더를 오른쪽 끝으로 움직였을 때 딜레이 타임이 0~30ms로 계속 변화가 되는 것입니다.

이제 오디오 신호 처리를 체크하고 마이크에 대고 소리를 내면서 노브와 슬라이더를 움직여봅시다.

LFO Speed와 LFO Depth를 움직일 때 각각 소리에 어떤 변화가 생기는지를 확인해 보기 바랍니다.

11.3.2 플랜저(Flanger)

플랜저는 플랜지(Flange)라는 단어로부터 유래했는데요. 플랜지는 예전에 녹음을 할 때 사용하던 릴테이프(Reel Tape)의 모서리 부분을 부르는 이름입니다. 초기에 녹음을 할 때 이 모서리 부분을 손가락으로 잡았다가 놓았다를 반복하면 원래의 소리와 함께 딜레이되는 사운드가 더해지면서 독특한 사운드 효과를 만들어냈기에 이와 같은 효과를 플랜징(Flanging)이라고 하였고 그런 효과를 만들어내는 장치를 플랜저 (Flanger)라고 부르게 되었습니다.

플랜저의 효과는 이른바 제트 사운드라고도 불리는데요. 마치 제트기가 날아갈 때 나는 소리와 같이 '휘잉~' 하는 소리가 나기 때문입니다. 이것은 잠시 후에 구현을 해보면 금방 이해가 될 것입니다.

플랜저의 구조는 코러스의 구조와 아주 비슷한데요. 다만 딜레이된 사운드를 다시 피드백하여 사용한다는 차이점이 있습니다.

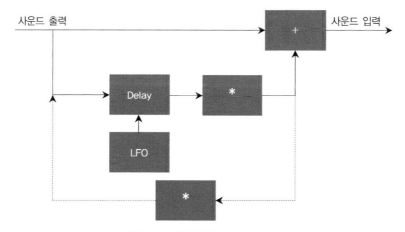

그림 11-29 플랜저(Flanger)의 구조

그림 11-29의 점선으로 표시된 부분이 사운드가 피드백되는 구간입니다.

그럼 이제 퓨어 데이터를 이용하여 플랜저를 구현해보도록 하겠습니다.

Step 1. 퓨어 데이터를 실행하고 코러스 패치를 불러옵니다.
Step 2. [osc~]와 연결된 [knob]의 속성에서 범위를 0~5로 설정합니다. [*~] 및 [+~]와 연결된 슬라이더의 범위를 0~6으로 설정합니다. 이렇게 하면 LFO Speed 는 0~5Hz 사이에서 설정하게끔 되며 LFO Depth는 0~12ms 사이에서 설정할 수 있게 됩니다.

코러스와 플랜저의 구조적인 측면의 차이점은 사운드의 피드백 여부이지만 LFO의 값도 코러스가 0~20Hz 사이의 LFO Speed와 10~50ms의 LFO Depth를 사용하 는 반면 플랜저는 0~5Hz의 느린 LFO Speed와 1~10ms의 아주 짧은 딜레이 타임 에 해당하는 LFO Depth를 사용하는 차이도 가지고 있습니다.

Step 3. 마지막으로 다음과 같이 연결하여 사운드의 피드백을 구현합니다.

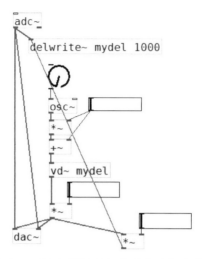

그림 11-30 피드백을 통한 플랜저의 완성 패치

곱하기를 한 번 더 사용한 것은 피드백되는 정도를 조절하기 위해서입니다.

이제 LFO Speed와 LFO Depth 그리고 피드백되는 정도를 조절하면서 플랜저의 사운드 특성을 확인해보시기 바랍니다.

11.3.3 피치 컨트롤(Pitch Control)

이 책의 6장에서 소리의 높낮이를 조절하는 다양한 방법을 공부하였는데요. 피치를 조절하는 기본적인 방식이 재생 속도를 빠르게 혹은 늦게 하여 피치를 조절하는 것이라고 하였습니다. 그런데 우리는 템포의 변화가 없이 음의 높이만 조절하는 방법에 대해서도 다뤘죠. (Audacity의 Change Pitch라는 기능을 사용하였습니다.)
이와 같은 기법은 조금은 복잡한 방법을 통해서 구현하기는 하지만 기본적으로는 모듈레이티드 딜레이를 사용하고 있기에 여기서 간단하게 실험을 해보고자 합니다.

Step 1. 퓨어 데이터를 실행하고 다음과 같은 패치를 작성합니다.

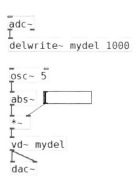

그림 11-31 실시간 음높이 조절 패치

여기서는 앞선 방법들과 달리 [abs~]라는 객체를 사용하였는데요. 이 객체는 입력된 신호의 절댓값을 만드는 객체입니다.

[osc~]에서 만들어진 사인파가 [abs~]를 통과하면 다음과 같이 바뀌게 됩니다.

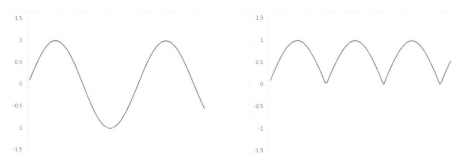

그림 11-32 [osc~]에서 만들어진 사인파와 [abs~]를 거친 Absolute-Sine파

그리고 사인파에 절댓값을 취해서 만들어진 파형은 원래 사인파의 두 배의 주파수를 갖게 됩니다. 그림 11-32의 왼쪽보다 주기가 2배로 빨라진 것을 확인할 수 있습니다. 그리고 [osc~5]는 5Hz의 사인파를 만들어내기 때문에 [abs~]를 통과하면 10Hz의

사인파가 만들어지게 되는 것입니다.

LFO Depth 조절에 사용하는 슬라이더는 0~10ms의 범위를 조절하게끔 설정을 합니다.

이제 패치를 실행하고 슬라이더를 움직이면 다소 거칠기는 하지만 마이크를 통해서 입력되는 여러분 목소리의 음높이가 변화되는 것을 확인할 수 있을 것입니다. 실제 Audacity에 들어가 있는 Pitch Change 기능은 기본적으로 이와 같은 개념을 사용하고 있지만 좀 더 복잡한 기술을 사용하고 있습니다.

이로써 다양한 딜레이의 사용방법에 대하여 알아보았습니다.

Chapter 12 그 외 다루지 못한 이야기들

지금까지 우리는 사운드 디자인의 방법론에 기반을 둔 소리의 재료, 소리의 3요소, 소리의 제어에 대해서 다루었고 그것들을 구현하는 방법으로써 사운드 엔진의 기본이 되는 딜레이와 곱셈기에 대해서도 살펴보았습니다.

하지만 사운드 디자인에서 상당한 의미를 갖는 주제들이지만 미처 다루지 못한 부분들이 있어서 별도의 챕터를 통하여 이야기하고자 합니다.

12.1 입체음향의 구현

입체음향은 여러 개의 스피커 시스템을 사용하는 입체음향과 두 개의 출력 시스템을 사용하는 입체음향으로 구분할 수 있습니다.

여러 개의 스피커를 사용하는 입체음향은 5.1이나 7.1, 9.1과 같은 시스템이 대표적입니다.

앞의 숫자는 소리의 방향성을 만들어내는 스피커이며 뒤의 .1은 방향성이 없는 저음용 스피커(서브우퍼, Subwoofer)를 의미합니다. 스피커의 개수가 많아질수록 소리의 위치 표현은 확실해지지만 사운드의 트랙수도 그만큼 많아져야 하므로 사운드 제작의 어려움이 동반됩니다.

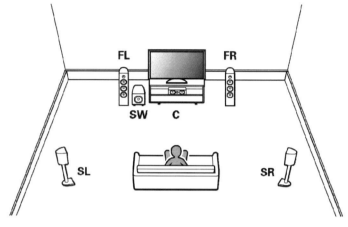

그림 12-1 5.1 스피커의 설치

반면 이제부터 다루게 될 방법은 두 개의 출력 시스템을 이용한 입체음향으로 이른바 스테레오(Stereo) 시스템에서 입체음향을 구현하는 방법입니다. 두 개의 스피커가 아니라 두 개의 출력 시스템이라는 표현을 쓴 이유는 스피커일수도 있지만 우리가 즐겨 사용하는 헤드폰이나 이어폰도 포함이 되기 때문입니다.

12.1.1 바이노럴 마이크(Binaural Mic)를 이용한 방법

바이노럴은 '두 귀의'라는 의미를 가지고 있습니다. 가만히 생각해보면 사람은 두 개의 귀를 가지고 있으며 두 개의 귀만으로 소리가 나는 위치를 파악을 합니다. 그렇다면 사람의 귀의 위치에 마이크를 설치하고 녹음을 한다면 우리가 듣는 입체음을 모두 표현할 수 있을 것입니다.

이와 같은 아이디어로부터 출발한 방법이 바이노럴 마이크를 이용한 녹음입니다. 고전적인 방법으로는 사람의 머리 모양과 똑같이 생긴 더미 헤드(Dummy Head)의 귀 부분에 마이크를 설치하고 녹음을 하는 방법이 있습니다.

그림 12-2는 노이만(Neumann)의 KU100이라고 하는 바이노럴 녹음을 위한 더미 헤드로 노이만 헤드라는 별명을 가지고 있기도 합니다.

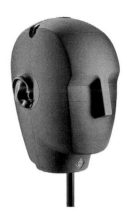

그림 12-2 Neumann KU100 Binaural Dummy Head

하지만 이와 같은 방법은 더미 헤드를 녹음할 장소까지 가지고 다녀야 하며 청자
(Listener)의 움직임에 따른 소리의 움직임과 같은 효과를 얻기에는 한계가 있습니다.
그래서 요즘에는 이어폰에 마이크가 장착되어 있는 바이노럴 마이크도 여러 제품이
출시되었고 일반적으로 사용이 되고 있는 상황입니다.
그림 12-3은 젠하이저(Sennheiser)에서 출시된 AMBEO라는 제품으로 이어폰의 바깥
쪽에 마이크가 달려 있어서 이어폰을 착용한 상태에서 입체음향을 녹음할 수 있습니다.

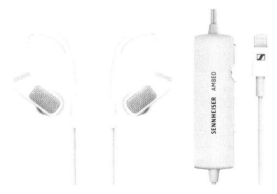

그림 12-3 젠하이저의 바이노럴 마이크

12.1.2 IID와 ITD를 이용한 방법

앞서 바이노럴의 의미가 '두 귀의'라는 의미를 가지고 있다는 이야기를 했습니다. 사람이 소리가 나는 위치를 인식하는 것은 바로 이 두 개의 귀에 기인합니다. 그림 12-4와 같이 우리의 왼쪽에서 북을 치는 경우를 가정해보겠습니다.

그림 12-4 왼쪽에서 소리가 들리는 경우

위와 같은 상황에서 북소리는 왼쪽이 오른쪽보다 더 크게 들릴 것입니다. 그리고 북소리는 왼쪽 귀에 먼저 들리고 오른쪽에 들리게 될 것입니다. 북과 왼쪽 귀와의 거리가 오른쪽 귀보다 아주 조금 더 가까우니까요.

이때 왼쪽 귀와 오른쪽 귀에 들리는 소리의 크기 차이를 IID(Interaural Intensity Difference)라고 하며 양쪽 귀에 들리는 소리의 시간 차이를 ITD(Interaural Time Difference)라고 합니다.

이렇게 IID와 ITD를 이용하여 스테레오 신호의 좌우 음량과 딜레이 타임을 변화시키면 소리의 위치를 움직일 수 있습니다.

이처럼 소리의 위치를 움직이는 것을 음상 정위(Sound Localization)라고 합니다.

이미 앞에서 다뤘던 곱셈기와 딜레이를 이용하여 퓨어 데이터에서 IID와 ITD를 이용한 음상정위 패치를 직접 만들어볼 수도 있을 것입니다. 한번 직접 구현해보기 바랍니다.

12.1.3 HRTF를 이용한 방법

HRTF(Head Related Transfer Function)은 우리말로 머리 전달 함수라고 번역이 됩니다.
HRTF를 이용한 방법의 개념은 다음과 같습니다.

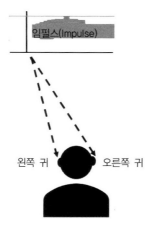

그림 12-5 HRTF Impulse Response 구하기

더미 헤드를 설치하고 모든 방향에 대한 임펄스 응답을 구합니다. 모든 방향에 대한 임펄스 응답을 구하는 것은 현실적으로 불가능하기 때문에 최대한 많은 위치에서의 임펄스 응답을 구한다는 표현이 더욱 정확할 것입니다.
MIT 미디어랩에서 KEMAR라는 더미 헤드를 이용하여 만든 HRTF 임펄스 응답은 710곳에서의 임펄스 응답을 구하였습니다. 이 임펄스 응답 데이터는 아래의 웹사이트에서 다운로드할 수 있습니다.
http://sound.media.mit.edu/resources/KEMAR.html

소리를 정위시킬 때에는 정위시키고자 하는 사운드를 입력으로 하고 정위시키고자 하는 위치에 대한 좌우 채널의 임펄스 응답을 찾아서 왼쪽 채널과 오른쪽 채널에 각각의 임펄스 응답을 컨볼루션(Convolution)하면 입력된 사운드를 원하는 위치에 정위시킬 수 있습니다.

다만 이것은 헤드폰이나 이어폰을 착용하고 들을 경우에만 효과를 느낄 수 있으며 스피커 시스템에 적용하는 경우는 여기에 몇 가지 기법이 함께 적용되어야 합니다.

이렇게 해서 2채널의 시스템을 이용한 입체음향 구현 방법에 대해서 살펴보았는데요. 그 구현 방법이 디지털적인 방법으로 리버브를 구현하는 방법과 상당히 닮아 있는 것을 눈치 챌 수 있습니다.
다음의 표를 보면 그 개념들이 서로 대응하는 것을 볼 수 있습니다.

리버브(Reverb)	입체음향(Spatial Sound)
실제 공간을 이용하는 방법	바이노럴 마이크를 사용하는 방법
알고리즘을 이용하는 방법	IID와 ITD를 이용하는 방법
IR을 이용하는 방법	HRTF를 이용하는 방법

이렇듯 사운드에 대한 기본적인 기법들을 이해하고 있으면 사운드의 시각을 확장하는 데 많은 도움이 됩니다.

12.2 음성합성 기법들(Sound Synthesis)

이번에는 신디사이저에서 사용되는 대표적인 음성합성 방식들에 대해서 알아보고자 합니다.

소리를 합성하는 방식은 굉장히 다양한데요. 전자음악의 바이블이라 불리는『The Computer Music Tutorial』(Curtis Roads 지음, MIT PRESS 출판)이라는 책을 보면 대략 12가지 정도의 음성합성 기법에 대해서 소개하고 있습니다. 하지만 이 글을 쓰고 있는 지금도 어딘가에서는 새로운 음성합성 방법에 대한 연구를 하고 있을 터이니 소리를 합성해내는 방법은 무수히 많다고 할 수 있겠습니다.

그래서 여기서는 주로 상용 신디사이저에서 가장 많이 사용되는 음성합성 방식인 가산합성(Additive Synthesis), 감산합성(Subtractive Synthesis), 샘플링(Sampling Synthesis), 변조(Modulation Synthesis), 물리적 모델링(Physical Modeling Synthesis) 정도에 대하여 다루어보고자 합니다.

참고 표준국어 사전에는 '신시사이저'가 올바른 표기법으로 되어 있으나 '신시사이저'는 읽을 때마다 묘한 긴장감이 생기게 되고 실제 Synthesizer의 발음과도 '신디사이저'가 더욱 비슷한 듯하여 이 책에서는 '신디사이저'라고 표기하고 있습니다.

12.2.1 가산합성(Additive Synthesis)

소리를 합성해내는 오랜 전통을 가진 악기는 파이프 오르간이라고 할 수 있습니다. 파이프 오르간에는 스톱(Stop)이라는 것이 있고 이 스톱들을 이용하여 다양한 소리를 만들어낼 수 있습니다. 파이프 오르간은 길이가 다른 여러 개의 파이프가 있고 건반을 눌렀을 때 각각 어떤 파이프로 공기가 지나가게 되는지에 따라 음색이 바뀌게 됩니다. (어떤 파이프로 공기가 지나가게 될지를 결정하는 장치가 스톱(Stop)입니다.) 이런 면에서 파이프 오르간은 가산합성과 흡사한 음원 방식을 가지고 있는 것 같습니다.

다시 신디사이저로 돌아가서 가산합성을 다른 말로 퓨리에 합성(Fourier Synthesis)

이라고도 하는데 이는 가산합성이라고 하는 음성합성 방식이 18세기 프랑스의 수학자이자 수리물리학의 기초를 만든 퓨리에(Fourier)의 이론에 근거한 방식이기 때문입니다. 퓨리에는 '세상에 존재하는 모든 웨이브는 사인파의 합으로 구성할 수 있다'는 정리를 하였습니다.

음성합성에서도 사인파를 계속 더하면 세상에 존재하는 모든 소리를 만들 수 있을 것이라는 생각으로 가산합성 방식의 신디사이저를 개발하게 된 것입니다.

이미 우리는 3장에서 사인파를 여러 개 더하여 사각파와 톱니파를 만들어가는 과정을 실험해보기도 하였는데요. 그것이 바로 가장 간단한 가산합성 방식이라고 할 수 있습니다.

좀 더 쉬운 이해를 위하여 강아지 형상을 하나 만든다고 가정해보겠습니다. 작은 레고 블록들을 붙여서 강아지의 모양을 만들 수도 있고 큰 나뭇조각을 가지고 칼 같은 도구를 이용하여 나무를 깎아서 강아지의 형상을 만들 수도 있을 것입니다. 왠지 이미 감이 올 것 같습니다. 그렇습니다. 일정한 조각들을 더해서 원하는 형상을 만드는 방식이 가산합성, 어떤 하나의 재료를 깎아서 원하는 결과물을 만들어내는 방식이 감산합성에 해당됩니다.

이 경우 블록 한 개의 크기가 작으면 작을수록 블록이 많으면 많을수록 원래의 형상과 비슷하게 표현이 가능할 것입니다. 가산합성에서는 블록 한 개의 크기가 작은 것은 배음이 적은 것을 의미하고 그래서 배음(Overtone)이 전혀 없는 사인파를 더하게 되는 것입니다. 그리고 블록의 수가 많으면 많을수록 만들고자 하는 소리에 가깝게 표현이 되는데 적어도 200개 이상의 사인파를 더해야 실제소리와 비슷한 결과가 나온다고 하며 커즈와일(KURZWEIL)의 가산합성 신디사이저인 K150의 경우 240개까지의 사인파를 더하도록 되어 있습니다.

가산합성 방식의 개념을 그림으로 나타내면 다음과 같습니다.

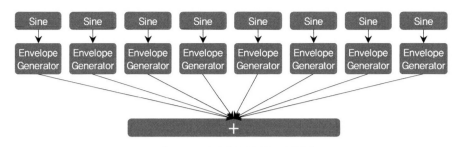

그림 12-6 가산합성 방식의 개념도

가산합성 방식의 구현 방법은 그림 12-6과 같이 그리 복잡하지 않기 때문에 퓨어 데이터에서 [osc~]와 [*~] 그리고 [vline~] 객체만으로도 어렵지 않게 구현해볼 수 있을 것입니다.

퓨어 데이터를 이용하여 가산합성을 구현해보기 바랍니다.

12.2.2 감산합성(Subtractive Synthesis)

앞에서 가산합성과 감산합성에 대한 이야기를 하면서 '가산합성이 작은 레고 블록들을 붙여서 하나의 형상을 만드는 것이라면 감산합성은 큰 나뭇조각을 가지고 칼 같은 도구를 이용하여 나무를 깎아서 형상을 만드는 것'이라는 비유를 했습니다. 그런데 이 비유가 비유만으로는 이해가 쉽지 않을 수도 있을 것 같아서 3개의 사진을 준비했습니다.

그림 12-7 레고로 만든 푸우 1

첫 번째 사진은 레고 블록으로 만든 푸우의 사진입니다. 하지만 이것이 푸우를 만든 것이라는 설명이 있기 전까지는 이 모형을 쉽게 푸우라고 인정하기는 어려울 것입니다. 그럼 두 번째 사진을 살펴보겠습니다.

그림 12-8 레고로 만든 푸우 2

위의 사진 역시 레고 블록으로 만든 푸우의 사진입니다. 하지만 첫 번째 사진과는 달리 훨씬 푸우에 가까운 형상을 하고 있습니다. 이것이 바로 앞서 설명한 가산합성의 기본적인 법칙입니다. 블록 한 개의 크기가 작으면 작을수록 그리고 블록이 많으면 많을수록 원래의 형상과 비슷하게 표현이 가능하며 소리합성(Synthesis)에서는 이를 위하여 배음이 전혀 없는 사인파를 최대한 많이 더하여 원하는 소리를 구현해내게 되는 것입니다.

이제 세 번째 사진을 살펴보겠습니다.

그림 12-9 나무를 깎아 만든 푸우와 그 친구들

그림에서 보는 것처럼 나무를 칼과 같은 도구로 깎아서 원하는 형상을 만드는 방식이 바로 음성합성에서는 감산합성에 해당됩니다.

그렇다면 여러분이 원하는 형상을 만들기 위한 조건은 무엇일까요? 아마도 나무의 크기가 크면 클수록 원하는 형상을 만들기 쉬울 것입니다. 그리고 조각칼의 종류가 다양하면 다양할수록 원하는 형상을 만들기 쉽겠죠. 그래서 소리를 만들 때에는 배음이 많은 소리인 톱니파(Sawtooth Wave)나 노이즈(Noise)를 재료로 사용하며 소리를 깎아내는 데에는 필터(Filter)라는 것을 사용하므로 다양하고 예리한 필터를 필요로 하게 됩니다. (기본적인 파형의 특성이나 필터에 대해서는 이미 앞에서 충분히 공부를 하였으므로 여기서는 자세한 설명은 생략하도록 하겠습니다.)

감산합성의 대표적인 악기로는 아무래도 MOOG를 비롯한 아날로그 신디사이저를 꼽을 수 있을 것입니다. 그리고 현대에 와서는 DSP를 이용하여 아날로그 신디사이저를 흉내 낸 다양한 아날로그 모델링 신디사이저들도 나와 있습니다.

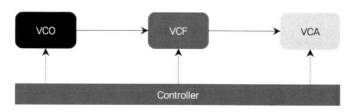

그림 12-10 아날로그 신디사이저의 기본 구성

그림 12-10은 아날로그 신디사이저의 기본적인 구성입니다.

- VCO : Voltage Controlled Oscillator의 줄임말로 톱니파, 사각파, 삼각파, 노이즈와 같은 소리의 재료를 선택하며 오실레이터의 음높이도 여기서 결정이 됩니다.
- VCF : Voltage Controlled Filter의 줄임말로 필터에 해당이 되며 음색의 변화를 만들어내는 부분입니다.
- VCA : Voltage Controlled Amplifier의 줄임말로 음량을 결정하게 됩니다.
- Controller : 물리적 제어장치, LFO나 Envelope Generator와 같은 시간의 흐름에 따른 제어장치가 여기에 해당이 됩니다.

디지털 방식의 신디사이저에서도 그림 12-10의 구조를 크게 벗어나지 않으며 이 경우에는 VCO, VCF, VCA 대신에 DCO(Digital Controlled Oscillator), DCF(Digital Controlled Filter), DCA(Digital Controlled Amplifier)와 같은 용어로 대치가 되기도 합니다.

또한 신디사이저의 기본 구성도 결국 '어떤 소리의(VCO) 어떤 요소를(VCO, VCF, VCA) 어떻게 제어할 것인가(Controller)?'라는 기본적인 법칙이 그대로 적용되고 있음을 알 수 있습니다.

감산합성 방식 역시 지금까지 다뤘던 실험들을 적절하게 조합하여 만들 수 있으니 퓨어 데이터를 이용하여 구현해보시기 바랍니다.

12.2.3 변조합성(Modulation Synthesis)

변조합성(Modulation Synthesis)을 이해하기 위해서는 상당한 수학적 지식을 필요로 하고 어렵게 이해를 했다고 하더라도 그렇게 만들어진 소리가 어떤 음향적 특성을 갖게 될지 예측하기가 결코 쉽지 않습니다.
이번 장에서는 변조합성의 개념에 대해서 간략하게 다루도록 하겠습니다.

변조합성은 크게 AM(Amplitude Modulation, 진폭변조)과 FM(Frequency Modulation, 주파수 변조)이 있습니다. 'AM과 FM? 라디오에서 말하는 그 AM과 FM인가요?'라는 의문을 갖는 분들이 있으실 텐데요. 맞습니다. 라디오에서 말하는 AM과 FM이 바로 진폭변조와 주파수 변조입니다.
그림 12-11은 Sine Wave(하단의 그림)와 AM(진폭변조)을 가한 Wave(상단의 그림)를 나타내고 있습니다. 그렇습니다. AM(진폭변조)을 하게 되면 원래의 사운드의 음량이 커졌다 작아졌다를 반복하게 됩니다.

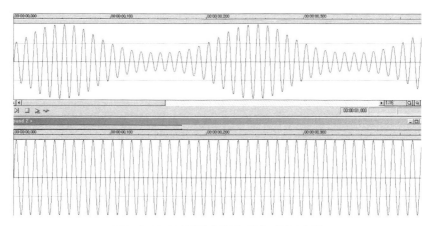

그림 12-11 AM(진폭변조)에 의한 파형의 변화

그렇다면 FM(주파수 변조)은 어떨까요? 진폭변조가 음량(진폭)에 변화가 있었다면 주파수 변조(FM)는 주파수, 즉 주기에 변화가 생기게 됩니다. 그림 12-12의 상단에는 40Hz의 사인파(Sine Wave)의 파형을 하단에는 40Hz의 사인파를 1Hz로 주파수 변조(FM)한 파형을 나타냈습니다.

그림에서 보이듯이 사인파의 주기가 좁아졌다 넓어지는 것을 볼 수 있습니다. 이는 주파수(주기), 곧 음정이 주기적으로 변화가 일어난다는 것입니다.

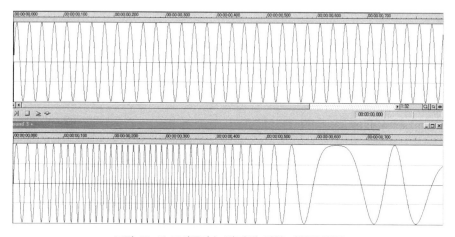

그림 12-12 FM(주파수 변조)에 의한 파형의 변화

위의 두 가지 변조는 신디사이저에서 굉장히 많이 사용이 되고 있습니다. 신디사이저의 모듈레이션 휠(Modulation Wheel)을 움직일 때 소리에 떨림이 만들어지는 것을 본 적이 있으신가요? 이와 같은 떨림은 대부분 Amplitude Modulation에 의해 만들어지게 됩니다. (Frequency Modulation에 의해서 만들어지기도 하며 경우에 따라서는 Filter의 Cutoff 값을 주기적으로 변화시키기도 하지요.) 하지만 이 모든 경우는 소리에 변화를 주는 제어신호로 적용한 사례이며 우리가 이번 시간을 통해서 다루고자 하는 내용은 소리의 특성을 바꾸는 음성합성 방법에 대한 것입니다.

그럼 제어신호로 적용한 사례와 음성합성 방법의 적용은 어떤 차이가 있는 것일까요? 제어신호로 적용하는 경우는 변조하는 신호의 주파수가 가청 주파수보다 낮은 0〜20Hz의 신호를 사용합니다. (하지만 실제로는 0〜10Hz 정도의 신호를 사용합니다. 10Hz보다 높은 신호는 이미 원래의 소리에 상당한 변화를 만들어내기 때문에 우리가 원하는 비브라토와 같은 효과와는 거리가 생기게 됩니다. 그리고 이렇게 가청 주파수보다 낮은 제어신호를 LFO, 즉 Low Frequency Oscillator－저주파 발진기－라고 한다는 것을 이미 공부했습니다.)

원래 소리의 특성을 변화시키는 변조로 대표적인 방법이 바로 FM입니다. 그래서 이번에는 FM 방식의 신디사이저에 대해서 다루도록 할 것입니다.

잠깐 이전에 다루었던 가산합성(Additive Synthesis)에 대해서 떠올려 보도록 하겠습니다. 우리가 사용할 수 있는 사인 웨이브 오실레이터가 2개가 있다고 한다면 우리가 만들 수 있는 배음은 모두 2개였습니다. 그렇다면 사용할 수 있는 오실레이터의 수가 적은데 많은 배음을 만들어내고 싶다면 어떻게 하면 될까요? 지금이야 신디사이저가 디지털화되고 기술이 발달하면서 오실레이터의 수라는 것이 그렇게 큰 의미가 없는 것 같지만 1970, 80년대에는 오실레이터를 하나 구현하는 데에도 비싼 비용이 들었기 때문에 적은 오실레이터를 이용하여 풍부한 배음을 만들어내는 것은 악기를 만드는 입장에서는 정말 중요한 과제 중 하나였던 듯합니다.

이런 시기에 미국 스탠퍼드 대학의 존 챠우닝(John Chowning) 교수가 FM(Frequency Modulation, 주파수 변조)을 이용하여 신디사이저를 만들면 적은 오실레이터로도 풍부한 배음을 만들 수 있으리라는 생각을 하게 되고 YAMAHA와 함께 FM 방식의 신디사이저를 개발하게 됩니다. 이렇게 해서 만들어진 제품이 YAMAHA의 DX 시리즈 신디사이저이고 DX 시리즈는 시장에서 큰 성공을 거두게 됩니다.

그럼 이제 퓨어 데이터로 간단한 FM Synthesis 패치를 하나 만들어서 FM 방식 사운드의 특성에 대한 감을 잡아보도록 하겠습니다.

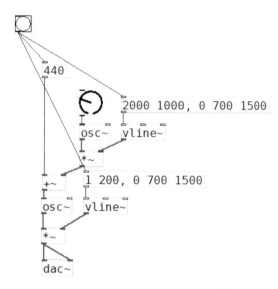

그림 12-13 FM Synthesis 구현 패치

그림에서 아래쪽에 위치한 [osc~]를 Carrier라고 하고 위에 위치한 [osc~]를 Modulator 라고 합니다. 위의 패치를 실행하고 뱅을 클릭하면 기본적으로는 440Hz에 해당하는 소리가 납니다. 그런데 여기서 중요한 것은 모듈레이터의 역할입니다. 모듈레이터의 주파수에 따라서 기음(여기서는 Carrier의 주파수 440Hz가 됩니다.) 주변의 주파수 들을 형성하게 됩니다. 여기서 기음 주변의 주파수를 사이드 밴드(Side Band)라고 합니다.

가령 예를 들어 위의 패치에서 [knob]를 움직여서 Modulator의 주파수를 100Hz로 조정한다면 배음은 다음과 같이 됩니다.

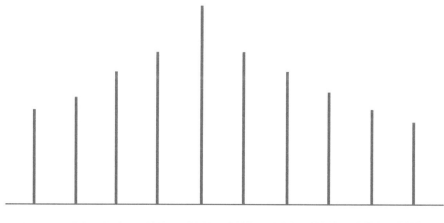

| 40Hz | 140Hz | 240Hz | 340Hz | 440Hz | 540Hz | 640Hz | 740Hz | 840Hz | 940Hz |

그림 12-14 Carrier가 440Hz, Modulator가 100Hz일 때의 주파수 성분

Carrier와 Modulator와의 관계를 다음과 같습니다.

- Carrier 주파수＋Modulator 주파수의 정수배
- Carrier 주파수－Modulator 주파수의 정수배

따라서 주파수 성분은

440, 440＋100, 440＋200, 440＋300, 440＋400, 440＋500, ⋯
440－100, 440－200, 440－300, 440－400

의 주파수를 갖게 되는 것입니다.

그리고 사이드 밴드의 크기를 조절하는 것이 Modulator에 곱해지는 값입니다. 이것을 모듈레이션 인덱스(Modulation Index)라고 부릅니다.

여기서는 2000 1000, 0 700 1500이라는 메시지를 이용하여 1초 동안 점점 사이드

밴드의 성분이 강해지고 1.5초부터 0.7초 동안 사이드 밴드 성분이 줄어들도록 되어 있습니다.

이 패치에서 Modulator의 주파수를 변화시켜 가면서 사이드 밴드에 대한 감을 익히고 Modulator에 곱해지는 값에 변화를 주면서 시간의 흐름에 따른 사이드 밴드 성분의 크기 변화가 만드는 음색 변화에 대한 감을 잡아보시기 바랍니다.

12.2.4 샘플링 합성(Sampling Synthesis)

샘플링 방식의 음성합성 방식은 현재 대부분의 신디사이저에서 채용하고 있는 방식으로 실제 악기소리를 녹음(이 과정을 샘플링이라고 이야기합니다.)하여 건반을 눌렀을 때 녹음된(샘플링된) 소리가 재생되는 방식입니다. 물론 실제로 구현을 하는 데 있어서는 이보다는 조금 복잡한 연산과 처리를 하게 됩니다.

샘플링 방식 신디사이저의 음원 장치가 소리를 만들어내는 과정을 정리하면 다음과 같습니다.

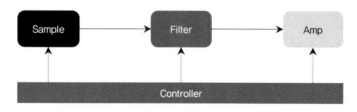

그림 12-15 샘플링 방식 신디사이저의 구조

위의 구조는 앞서 다뤘던 감산합성(Subtractive Synthesis)의 구조와 거의 같습니다. 다만 Oscillator 부분이 Sample로 대치된 것을 확인할 수 있습니다.

12.2.5 물리적 모델링(Physical Modeling Synthesis)

여기 하나의 피아노 사운드가 있다고 가정해보겠습니다. 이 피아노 사운드의 현 재질을 바꾸거나 피아노의 캐비닛사이즈를 바꾸거나 해머의 경도를 바꾸거나 하는 등의 효과를 만들어내려면 어떻게 해야 할까요? 지금까지 우리가 공부한 방법대로라면 음량이 어떻게 변할지, 음색이 어떻게 변할지, 음정의 변화가 있을지에 대하여 연구해서 그 변화치를 적용하여 새로이 사운드 프로그래밍을 해야 합니다.

현의 재질이 바뀐다면 울림의 특성이나 공진 특성(Resonance)에 변화가 생길 것이므로 LFO(Low Frequency Oscillator)의 설정도 좀 바꾸고 Filter도 변화를 줘야겠네요. 캐비닛의 사이즈가 바뀐다면 음량과 음색(소리의 밝기) 특성에 변화가 생길 것이므로 Amplitude와 Filter를 수정해야 할 것입니다. 해머의 경도가 바뀐다면 소리의 밝기에도 변화가 생기고 Envelope에도 변화가 생기겠군요. 글로는 이렇게 쉽게 썼지만 실제로 이런 프로그래밍을 해야 한다면 …. 10년이 넘게 신디사이저의 사운드 프로그래밍을 한 저로서도 벌써부터 머리가 아파 오는 프로젝트입니다. 아마도 각각의 사운드 파라미터들을 하나씩 수정해가면서 상상 속의 사운드(또는 실제로 이런 피아노를 만들어서 그 사운드와 비교해가면서)에 접근해갈 것입니다.

그렇다면 물리적 모델링 음성합성 방식을 사용한 Roland사의 V-Piano에서는 어떻게 구현을 할까요? 방법은 아주 간단합니다. 현의 재질을 바꿔주고 캐비닛의 크기를 설정하고 해머의 경도를 정해주면 됩니다. 이것으로 끝입니다. 설마 이렇게 간단할까요? 그렇습니다. 이렇게 간단합니다. V-Piano는 피아노를 구성하는 각 부분들, 건반 부분, 현 부분, 프레임, 울림판, 캐비닛을 모두 물리적으로 모델링해서 각 부분을 사용자 마음대로 수정할 수 있습니다.

그렇다면 물리적 모델링은 어떻게 하는 것일까요? 그 개념에 대해서 알아보도록 하겠습니다.

물리적 모델링은 여러 가지 음성합성 모델을 가지고 있습니다. 현 모델만 하더라도 줄을 튕기는 Plucked String 모델과 활로 현을 긁는 Bowed String 모델, 그리고 피아노와 같이 현을 때리는 모델도 있습니다. 아마 어느 음향연구소에서는 지금 이 시간 우리가 미처 알지 못하지만 현이 소리를 낼 수 있는 어떤 방법에 대한 모델링을 연구하고 있을 것이며 관악기 모델이나 타악기 모델, 그리고 우리가 흔히 접해보지 못한 여러 가지 다양한 소리를 내는 모델에 대한 연구가 다양하게 이루어지고 있습니다.

이 중에서 기타의 소리와 같은 튕기는 현의 모델, 즉 Plucked String 모델에 대해서 알아보도록 하겠습니다.

(복잡한 수식은 배제하고 개념적으로 접근할 것이므로 너무 걱정하지 않아도 된답니다.)

튕기는 현을 간단히 하기 위하여 그 옛날 피타고라스가 음계를 정리하기 위해 사용했다던 일현금을 떠올려 보겠습니다. (여기서의 일현금은 현이 하나만 있는 간단한 현악기를 의미합니다.)

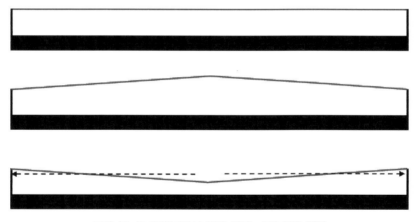

그림 12-16 일현금에서 줄을 튕길 때의 현의 변화

그림 12-16에서 보이는 것처럼 줄을 위로 들어 올렸다가 놓게 되면 그 튕긴 울림은 순식간에(아주 짧은 시간 후에) 현을 고정시키고 있는 부분을 때리게 됩니다. 그리고 그 진동은 다시 반사되어 나오게 됩니다. (이때 현을 고정시킨 부분은 다시 그 울림을

악기의 몸체에 전달하고 현의 진동은 점점 힘을 잃어가게 됩니다. – 이때 현을 고정시킨 부분과 악기의 몸통은 일종의 LPF(Low Pass Filter) – 와 같은 역할을 합니다.) 이렇게 소리는 점점 줄어들게 됩니다. 그렇다면 소리의 울림을 만들어내는 부분(기타로 치면 울림통)의 울림을 완전히 없애고 줄을 튕기면 어떤 소리가 날까요? 만약 여러분의 주위에 기타가 있다면 통기타를 완전히 꼭 끌어안아서 울림이 최대한 생기지 않게끔 하고 현을 튕겨보시기 바랍니다. 아마 '틱!' 하는 아주 짧은 소리가 날 것입니다. 이렇게 짧은 소리를 우리는 '여기 신호(Excitation Signal)'라고도 부릅니다. 원래 Excitation Signal이 갖는 의미는 좀 더 심오하지만 여기서는 Excitation Signal의 최소한의 개념만을 설명한 것입니다.

그렇다면 지금까지의 설명을 통하여 Excitation Signal이 순식간이라고 불리는 아주 짧은 시간만큼의 후에 현이 고정되어 있는 부분을 진동시킬 것이고 이 신호는 LPF(Low Pass Filter)를 통과하여 다시 되돌아왔다가 다시 일정한 시간(순식간이라고 불렀던)이 흐른 후 다시 현이 고정되어 있는 부분을 진동시킬 것입니다.

이것을 그림으로 나타내면 그림 12–17과 같습니다.

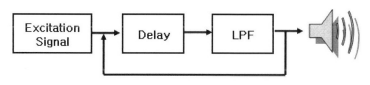

그림 12–17 Plucked String 모델의 구성도

현의 길이가 길어지면 줄을 튕긴 후에 그 신호가 현이 고정되어 있는 곳(브리지)까지 가는 데 걸리는 시간은 어떻게 될까요? 현이 길다는 것은 그만큼 거리가 길어지는 것이고 따라서 줄을 튕긴 후 브리지까지 신호가 가는 데 걸리는 시간도 길어지게 됩니다. 위의 구성도에서는 Delay 시간이 길어지는 것이죠.

그럼 이 구조를 퓨어 데이터를 이용하여 구현해보도록 하겠습니다.

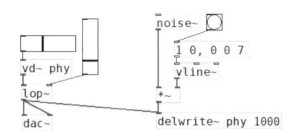

그림 12-18 퓨어 데이터를 이용한 물리적 모델링 합성의 구현

여기서 [vd~phy]에 연결된 슬라이더의 범위(딜레이 타임)는 0~15로 설정을 하였으며 [lop~]와 연결된 슬라이더의 범위(차단 주파수, Fc)는 0~5,000으로 설정을 하였습니다. 또한 여기 신호(Excitation Signal)는 7ms의 아주 짧은 노이즈를 사용하였습니다.

위의 패치에서 가로 슬라이더를 이용하여 딜레이 타임을 조절하면 딜레이 타임이 짧아질수록 음높이가 올라가고 딜레이 타임이 길어질수록 음높이가 내려가는 것을 확인할 수 있습니다. 또한 세로 슬라이더를 움직여 로우 패스 필터의 차단 주파수를 조절하면 악기의 울림이 바뀌는 것을 확인할 수 있습니다.

실제 물리적 모델링 합성이 악기로써의 의미를 갖기 위해서는 딜레이의 구조나 필터의 특성, 여기 신호 등 신경 써야 하는 부분이 훨씬 많습니다. 하지만 이 실험을 통해서 물리적 모델링 합성 방식의 기본적인 개념을 이해하길 바랍니다.

12.3 인터랙티브 뮤직(Interactive Music)

사운드를 제어한다는 것은 이미 그 안에 상호작용(Interactive)이 존재하는 것입니다. 하지만 현대에 와서는 상호작용에 주된 의미를 부여하는 인터랙티브 뮤직이 다양한 방향으로 발전하고 있습니다.

이에 사운드 디자이너와 음악가가 함께 작업하는 경우도 종종 보이고 있습니다.

우리가 지금까지 다뤘던 주제 중에서 소리의 제어는 인터랙티브 뮤직 분야와 손잡았을 때 아주 흥미롭고 재미있는 결과들을 만들어낼 수 있을 것입니다.
꽤 오래전의 작품이기는 하지만 뉴욕의 머스 커닝햄(Merce Cunningham) 무용단은 무용수들의 몸에 센서를 붙이고 무용수들의 움직임에 따라서 음악이 변화하는 공연을 하기도 하였는데 이는 대표적인 인터랙티브 뮤직을 이용한 작품이라고 할 수 있습니다. 그뿐 아니라 요즘의 디제이(DJ)들은 영상과 사운드, 제스처를 하나로 묶어서 사운드의 변화에 따라 영상을 변화시키거나 디제이의 움직임에 따라서 사운드를 변화시키는 등의 퍼포먼스를 보여주기도 합니다.

이와 같은 작업을 하기 위해서는 상호작용에 대한 데이터를 받아올 수 있게끔 센서를 다루는 하드웨어 제어 기술과 사운드를 실시간으로 자유롭게 제어할 수 있는 기술이 있어야 하는데요.
이 책에서 다룬 물리적 제어장치를 확장시킨 것이 센서와 관련된 하드웨어 제어 기술이라고 할 수 있습니다.
예전에는 하드웨어를 다룬다는 것이 일반인들에게는 상당히 어려운 일이었으나 근래에 들어서는 누구나 쉽게 하드웨어를 직접 만들 수 있는 다양한 도구들이 나와 있습니다. 그중에서도 특히 아두이노(ARDUINO)와 같은 기기는 아주 쉽게 접근할 수 있는 도구이기도 합니다.

여러분이 사운드 디자인에서 인터랙티브 뮤직으로 영역을 확장하고 싶다면 아두이노를 공부해보기를 추천합니다.

아래의 책은 아두이노를 인터랙티브 뮤직에 적용하는 법을 공부하는 데 도움이 될 것입니다.

『아두이노 for 인터랙티브 뮤직』(채진욱 지음, 인사이트 출판)

그리고 이 책에서 실험을 위해 사용하였던 퓨어 데이터(Pure Data, Pd)는 사운드를 실시간으로 자유롭게 제어할 수 있는 대표적인 도구 중의 하나입니다. 나아가서 퓨어 데이터는 실시간으로 소리와 함께 영상을 제어하는 도구이기도 합니다. 그뿐 아니라 퓨어 데이터는 아두이노와 연동도 쉽게 할 수 있는 도구이기도 하죠.

만약 여러분이 인터랙티브 뮤직, 뉴미디어, 실험음악 등의 시도를 하고 싶다면 퓨어 데이터를 조금 더 공부해보시는 것을 추천합니다.

이 책에서 다뤄진 내용을 기반으로 하여 여러분의 영역을 지속적으로 확장하고 깊이를 더해가기를 바랍니다.

이 책에서는 사운드 디자인을 하는 데 필요한 지식과 경험에 초점을 맞춰서 설명을 하였습니다. 하지만 정말 좋은 사운드를 만들어내기 위해서 무엇보다 중요한 것은 소리를 향한 애정과 관심이라고 생각합니다.

'믿음, 소망, 사랑, 그중에 제일이 사랑'이라는 성경의 구절처럼 소리에 대한 지식, 철학, 경험, 그 어떤 것보다도 소리에 대한 사랑을 가지시길 바랍니다. 그것이 소리에 대한 지식, 철학, 경험을 더욱 성장시킬 것이라 확신합니다.

글을 쓰는 내내 사랑하는 우리 학생들을 떠올리며 내가 정말 좋아하는 소리 이야기를 할 수 있어서 더할 나위 없이 행복했습니다.

그리고 글을 마무리하는 이 순간, 지금의 내가 있기까지 또한 그렇게 사랑스러운 눈빛으로 저를 지켜봐 주시고 이끌어주셨던 스승님들이 떠올랐습니다.

자유롭게 사고하고 행복한 삶을 사는 방법을 알려주신 영원한 평생의 스승님 어머니, 감사드리고 사랑합니다.

초등학교 시절 여러 친구 앞에서는 이야기도 제대로 못할 정도로 숫기 없고 부끄러움을 많이 타던 저에게 여러 사람 앞에서 내 생각과 의견을 발표할 수 있도록 용기를 북돋아주시고 글 쓰는 재미를 알려주셨던 유청형 선생님께 이 공간을 빌려 감사의 말씀을 전하고 싶습니다.

대학생 시절 음악대학에서 수업을 듣는 물리학 전공의 이방인 학생에게 친절하게 화성학, 관현악법을 지도해주신 이경미 교수님, 교수님 덕분에 기술과 음악을 융합하는 일을 할 수 있게 되었습니다. 감사합니다.

KURZWEIL Music Systems 재직 당시, 한국에서 날아온 사운드 엔지니어를 제자로 받아주시고 이 책의 출간 소식에 누구보다 먼저 기뻐해주시고 축하의 글까지 보내주신 영원한 사운드 스승님, Joe Ierardi.

당신은 나의 영원한 사운드 스승이시며 당신의 제자가 될 수 있었던 것은 제 인생 최고의 영광입니다.

강의를 할 때 어떻게 학생들과 소통해야 하는지 어떻게 지식을 전달해야 하는지에 대하여 많은 조언을 해주셨던 경기대학교의 김호석 교수님, 교수님 덕분에 학생들과 더 많이 친해질 수 있었고 더욱 사랑할 수 있었습니다. 교수님, 감사드립니다.

그리고 여기에 다 적지 못했지만 지금의 내가 될 수 있도록 이끌어주신 수많은 스승님께 감사의 말씀을 전하고 싶습니다.

그리고 이처럼 많은 분의 사랑과 정성, 가르침 덕분에 지금의 제가 있을 수 있는 것처럼 이 책이 누군가에게 좋은 영향을 미칠 수 있는 책이 될 수 있었으면 합니다.

이 책이 나오기까지 애써주신 씨아이알의 박영지 편집장님과 김동희 대리님께 감사의 말씀을 드리고, 교정작업을 도와준 박찬식, 정재훈 군과 바쁜 와중에도 표지 디자인을 도와준 정현후 대표에게도 감사의 마음을 전하고 싶습니다. 또한 책의 출간 소식에 함께 기뻐해주며 축하의 글을 보내준 오래된 소리 친구 Taiki Imaizumi에게도 감사의 마음을 전합니다.

마지막으로 평생의 친구이자 동반자인 사랑하는 아내 도양희에게 늘 고맙다는 말을 전합니다.

채진욱

찾아보기

ㅅ

저자
소개

채진욱

어린 시절부터 컴퓨터와 기술을 좋아하고 음악에 열광하며 사운드를 사랑해서 학부에서는 물리학을 전공하며 음향학을 공부하였고 대학원에서는 컴퓨터 공학(DSP)을 전공하며 컴퓨터를 이용한 소리 합성을 연구하였다.

KURZWEIL Music Systems에서 사운드 엔지니어로 일하며 다양한 신시사이저를 개발하였고 Native Instruments Reaktor 5의 DSP 개발에 참여하기도 하였다.

14년간 대학에서 사운드와 신시사이저, 컴퓨터 음악을 강의하였으며 경기대학교 전자 디지털 음악학과에서 겸임교수로 일하며 너무나 소중한 제자들을 만나는 행운을 얻기도 하였다.

미국의 스타트업 회사에서 인공지능을 사운드와 접목하는 연구를 담당하였고 지금은 (주)SMRC의 기술이사로 재직하며 인공지능 음악 엔진을 개발하고 있다.

저서로는 『아두이노 for 인터랙티브 뮤직』(인사이트), 『Octave/MATLAB으로 실습하며 익히는 사운드 엔지니어를 위한 DSP』(씨아이알), 『FAUST를 이용한 사운드 프로그래밍』(씨아이알)이 있다.

상상 속의 소리를 현실로

사운드 디자인

초 판 인 쇄 2018년 8월 14일
초 판 발 행 2018년 8월 21일
초 판 2 쇄 2022년 3월 25일

저   자 채진욱
펴 낸 이 김성배
펴 낸 곳 도서출판 씨아이알

책 임 편 집 최장미
디 자 인 윤지환, 박진아
제 작 책 임 김문갑

등 록 번 호 제2-3285호
등   록   일 2001년 3월 19일
주   소 (04626) 서울특별시 중구 필동로8길 43(예장동 1-151)
전 화 번 호 02-2275-8603(대표)
팩 스 번 호 02-2265-9394
홈 페 이 지 www.circom.co.kr.

I S B N 979-11-5610-622-7 93560
정   가 20,000원